不强势的勇气

何圣君　著

如何控制你的控制欲

漫画实践版

人民邮电出版社

北京

图书在版编目（CIP）数据

不强势的勇气 ： 如何控制你的控制欲 ： 漫画实践版 /
何圣君著. -- 北京 ： 人民邮电出版社，2025. -- ISBN
978-7-115-66112-8

Ⅰ．B842.6

中国国家版本馆 CIP 数据核字第 2025976GP1 号

◆ 著　　　　何圣君
　责任编辑　朱伊哲
　责任印制　周昇亮

◆ 人民邮电出版社出版发行　　北京市丰台区成寿寺路 11 号
　邮编　100164　电子邮件　315@ptpress.com.cn
　网址　https://www.ptpress.com.cn
　雅迪云印（天津）科技有限公司印刷

◆ 开本：880×1230　1/32
　印张：7　　　　　　　　　　2025 年 5 月第 1 版
　字数：121 千字　　　　　　　2025 年 5 月天津第 1 次印刷

定价：52.00 元

读者服务热线：(010)81055296　印装质量热线：(010)81055316
反盗版热线：(010)81055315

结识何圣君老师，是因为他的《了不起的自驱力：唤醒孩子的学习源动力》这本书，清晰的逻辑，流畅的文笔，复杂的心理学知识在他的笔下变得有趣。我跟编辑不断表达想结识作者……何老师的书我全部读过，我也在直播间不断推荐，深受用户好评！

其实，控制欲强的人，都是可怜的人。控制就是恐惧——你到底在恐惧什么？无边无际的恐惧到底是什么？看清它，放下你的控制！《不强势的勇气：如何控制你的控制欲（漫画实践版）》就是这样一本充满智慧的书，它用漫画的形式，结合真实场景，告诉我们如何控制自己的控制欲，如何在内心深处获得真正的自由和平静。书里的内容特别实用，比如关于孩子写作业磨叽、注意力不集中这些问题，书中都给出了详细的解决方案。我真心希望所有在育儿路上迷茫的妈妈们，都能读读这本书，找到属于自己的育儿智慧。

——白瑞

白瑞家庭教育创办人，全网 1500 万粉丝大 V，
两届全国金话筒奖获得者，上海知名主持人

很多妈妈虽然明白过度控制不利于孩子的成长，却始终难以真正放松和放手。表面上看，她们的控制源于对孩子当下表现不佳可能影响未来发展的担忧，而更深层的原因实则源自其童年未被满足的期待所引发的恐惧与不确定感。破解困局的关键在于将关注重心从孩子转向自身，觉察自己、疗愈自己。所幸这本书提供了方法，如果你愿意用起来，你就会解放自己和孩子。

——刘称莲

知名家庭教育研究者，畅销书《陪孩子走过小学六年》作者

作为推荐人，我想对读者朋友说三句话：一，在我看来，这是一部关系宝典，更是一部修心宝典；二，这本书饱含人生哲理，阅读体验很好，我非常喜欢！三，强烈推荐想要活得更

好的"成年人们"阅读这本书！

我很喜欢看《哪吒之魔童降世》这部电影，还记得太乙真人一开始把乾坤圈套在哪吒脖子上，跟拴小狗似的，生怕他闹出什么"幺蛾子"。这不就跟咱们现在养孩子一个样子吗？恨不得24小时盯着，生怕他磕着碰着学坏了。但你看，后来乾坤圈挪到哪吒的手腕上，哪吒反而"能打能抗"，这才是养孩子的正确打开方式，这也是我推荐这本书的原因。

父母手中有根隐形的线，一头连着孩子，一头攥在手里。松一松，或者紧一紧，虽由父母决定，却会影响孩子的一生。读何圣君的《不强势的勇气：如何控制你的控制欲（漫画实践版）》，学会放手，你会发现孩子会绽放出活力与光彩。

前言

我曾看到一位妈妈内心独白的文章，在文章中她这么说：

第一眼看到孩子的时候，我口口声声说爱他，却在孩子慢慢长大的过程中变成了强势而暴躁的妈妈。我以爱的名义伤害了眼里满是我的孩子，而他却有那么大的能量，被打被骂后，擦擦眼泪，转过头又会笑嘻嘻地看向我。每天早上，匆忙把孩子送到校门口，看着他那小小的身体背着大大的书包，我的内心就更自责……我控制不住自己的脾气，也没有学会怎么去爱自己，在这场无休止的生命循环中，我努力扮演好每个角色，却还是感觉力不从心。我也不明白怎么才能放过自己！（写这些话时，从头到尾泪流满面，心中虽有万千言语却无法一一表达。）

很多妈妈评论："读完这位母亲深情的文字，自己的眼角也湿润了。"是的，泪水成了她们之间无声的理解与支持。

在这份共鸣中，蕴含着每一位母亲心底最柔软的秘密与渴望——在爱与教育的天平上找到更好的平衡点。《不强势的勇气：如何控制你的控制欲（漫画实践版）》，正是为在育儿路上跌跌撞撞、不断自省，却又始终怀揣无尽母爱的你量身打造的一本书。

在本书中，我与经验丰富的漫画家，用相对轻松而又不失深度的笔触，勾勒出一个个你熟悉的生活场景。每一个画面，都是对家长复杂情感的尽力捕捉，是对"不强势的勇气"的全力诠释。我们想以行为心理学的科学策略和漫画的温暖治愈效果，帮助你更轻松地驾驭自己的情绪，学习如何"放过自己，治愈家人"。

你将会看到，即便是那些最易让人情绪爆发的场景，本书也能通过分析本质，提供相应的解决方案，将这些挑战转化为滋养亲子关系的沃土。

本书中的策略，或许会让你在某个深夜，于昏黄的灯光下，忽然意识到：原来，接纳不完美、允许一切发生、敢于展示脆弱，或把权力还给孩子，都是给予孩子最真实、最有力量的爱的示范。

在本书中，我构建了 30 个家庭教育中包括学业、生活、心理、行为在内的，最让父母不知所措的场景。我希望本书充当一座桥，连接过去那个情绪暴躁、苛求自己、时常自责、不知所措的你，与未来那个进退有度、懂得宽容、勇于释放真实情感、习得育儿策略的你。

我期待，你能通过这趟心灵与策略的旅程，学习如何拥抱自己的情绪，如何筑建爱的边界感，如何面对所有的不确定性，并且带着温柔的力量和智慧的头脑前行。

身为父母，应如灯盏，而非拐杖。家庭教育，请别用情绪，用好策略。

现在，就让我们一起开始这趟寻找勇气、自愈与策略的旅程吧！为了你，为了孩子，也为了那份永不放弃成长与爱的决心。

何圣君

目 录

Contents

第三章
控制欲上头场景及行动指南

第四章
如何控制你的控制欲

第五章
请这样疗愈你的内在小孩

后记 ♡♡

致谢

第一章

为什么要控制自己的控制欲

1.1　被过度控制的孩子是怎样的

　　网上有一句话说得非常"扎心"：一个家庭最大的危机，是控制型的妈妈和悠闲的爸爸，养出一个有问题的孩子！

　　个体心理学家阿尔弗雷德·阿德勒也说：

在一个家庭中，如果母亲对家人始终有很强的控制欲，她的女儿很可能会变得强势、暴躁、刻薄；她的儿子则更可能变得内向、懦弱，形成讨好型人格。

　　更可怕的是，女儿长大后，极可能会成为母亲的"翻版"，将创伤延续给下一代。

　　在父母以爱为名的牢笼中，孩子由于被过度控制而形成的四大心理问题让家长不得不重视。

问题一：自控力差

你是否遇到过这种情况？寒假的某一天，你给孩子布置了 6 个任务，可回到家一检查才发现，他连一半都没完成。检查平板电脑的屏幕使用时间——天呐，居然有 5 个小时。

看到这个数字，一股无名火立刻涌上心头，你忍无可忍之下一顿怒骂，甚至拳脚相加。

可是，你知道吗？正是你把孩子的时间安排得满满当当，才导致他越是在你看不见的地方，越忍不住想干你平时不准他干的事情。

为什么？因为玩乐本来就是孩子的一种需求，这种需求就像渴了要喝水一样。一个人如果半小时不喝水可能不会有什么反应，但如果半天不喝水，他对水的渴求就会大大增加。

问题二：迷失自我

心理学者李玫瑾曾说："对孩子干涉太多、控制太多，最终会导致什么结果？就是'你让我做什么我都不开心，但是我也不知道我想干什么'。"

是啊，你越是把孩子的时间安排得满满当当的，孩子就越没有自己做计划的能力，无论对自己的长期规划还是短期安排都会感到迷茫。

尤其是在孩子面临重大选择时，控制型父母还总喜欢拿自己已经"过期"的经验去给孩子"做指导"，并选择性地忽略孩子的兴趣和意愿。

正如心理学家李雪说的那样："一个身体只能承受一个灵魂，如果父母的控制密不透风，孩子实际上已经精神死亡。"

问题三：发展出讨好型人格

在控制型父母阴影的笼罩下，孩子还很容易发展出讨好型人格。所谓讨好型人格，是一种倾向于迎合他人、顺从他人意愿、寻求他人认可的个性特征。

有讨好型人格的人不懂得如何拒绝别人，经常感到自卑，在遭受欺负和压迫时不知道反抗，甚至会不惜牺牲自己的利益和需要去满足他人……这样的孩子真是让人心疼。

相信没有父母希望自己的孩子在外受人压迫，可控制型父母恰恰是"讨好型孩子"的塑造者。因为在高压控制下，孩子会觉得只有对父母言听计从，父母才会快乐，自己才值得被爱。

问题四：产生习得性无助

最后一个问题，也是我们最不愿意看见的：产生习得性无助。

在心理学中，习得性无助也被称为"让人一事无成的魔鬼"。关于这种心理状态，有一个十分著名但残忍的实验。

1967 年，美国心理学家马丁·塞利格曼请实验人员把狗关进笼子里，只要蜂鸣器一响，就给狗施以电击。狗在笼子里躲避不了，只能低声呻吟。

这个实验进行多次后，实验人员发现，只要蜂鸣器一响，哪怕笼子的门是开着的，狗不仅不逃，反而匍匐在地上，等待着电击的到来，默默承受痛苦。是的，这就是习得性无助的体现。

父母的过度控制之于孩子就好比电击之于狗。孩子在一次又一次的严格控制下，就很可能会产生习得性无助。

而产生习得性无助的孩子通常会缺乏主动性，觉得做什么都没用，容易依赖别人，也不太会应对压力。这样的状态不仅影响他们现在的生活，也会有长远的负面影响。

所以，父母要注意了，过度控制真的不是好事。给孩子一些自由去探索世界、尝试和学习新东西非常重要。这样可以帮助他们建立自信，培养健康、独立的人格。

希望每位家长都能成为孩子成长路上的支持者，而不是限制者，让孩子在充满爱的环境里自由发展，找到真正的自己。

1.2 孩子自驱自律的本质是什么

很多学霸，其实在很长一段时间里都表现得平平无奇。但突然有一天，他们仿佛认知觉醒了，拥有了自驱自律的能力，他们的身体里好像安装了一枚小马达，能为他们提供源源不断的动能。

这是怎么回事呢？

曾有教育博士说："天赋也好，家庭环境也罢，真正推动一个孩子不断努力、持续进取的力量，其实是他们后天被唤醒的强大内驱力。"因此，让孩子自驱自律才是教育的最高境界。

01 什么是内驱力

内驱力，是指个体在没有外部压力或监督的情况下，主动追求目标并自我激励的能力。

内驱力很容易遭到破坏，比如，你正埋头整理房间，这时候你的爱人凑过来，冲你来一句："来，把茶几上的零碎东西收拾一下。"

本来，你心里盘算着下一步就是收拾那堆杂物了，结果被这么一"指挥"，突然间，你的那股干劲儿就烟消云散了。

你有没有过类似的经历？这究竟是怎么回事儿呢？

你把茶几收拾完再去扫地。

我本来就要做的。

　　这是因为，你的爱人的一句话在无意间把你那宝贵的内驱力给破坏了。

　　事实上，孩子学习的内驱力同样很容易遭到控制型父母的破坏。

02　孩子的内驱力

　　别看孩子年纪小，他们和成年人一样，内心深处都是有内驱力的。而恰恰因为他们年纪小，不像大人那样能清晰表达，遇到不爽的事儿，多半只能用哭、发脾气、磨蹭这种"原始武器"来抗议。

很多家长不了解孩子的表达方式，一看孩子闹情绪，就觉得是孩子任性，于是，催吼、唠叨就产生了，他们生生把孩子从"自个儿往前冲"的状态拽进了"被人推着走"的状态。久而久之，孩子习惯了这种"他驱模式"，再想让他们恢复成"自驱模式"就不容易了。

美国心理学家亨利·默里曾经提出一个观点，他说："人天生就有个需求，就是想自主决定是否去做一件事。"

这就和到点儿肚子饿了，非得吃口饭是一个道理。要是这类需求未被满足，我们的幸福感就会大打折扣。

03　掌控感

要想唤醒孩子的内驱力，让他自驱自律，家长就要给孩子掌控感。

掌控感到底有多关键呢?

请回忆一下你的学生时代。

当你还是学生时,如果老师让大家自愿参加劳动,你和同学们都抢着举手报名,如果你被选中,肯定干得特起劲,心里还美滋滋的。

但反过来,要是大家都不举手,你却被老师"幸运"地抽中了,估计你心里得嘀咕:今天真是倒了大霉,摊上这苦差事,干活儿都觉得累得慌。

你看,这就是有没有掌控感的差异。你一旦决定了干某件事,就有掌控感,那么不知不觉当中,你的行为就会顺着这个决定的方向发展。换句话说,只要一个人决定做某件事,他就有足够的动力自己去把事儿干成。

这也就能解释，为什么古代将军出征前往往会被主公问"愿不愿意立下军令状"。因为立不立军令状是将军自己的选择，他一旦选择了立军令状，那他完成任务的动力自然很充足。

那究竟要如何给孩子掌控感呢？

本书第三章会为你详细介绍。

1.3 控制型父母特征自测

现在，你已经知道过度控制孩子会产生严重的后果，也知道你应该给孩子掌控感。不过，你了解自己的控制程度吗？

这一节，我们将从控制型父母的典型特征出发，请你试想自己处于相应的场景中，每种场景后面都描述了你可能会有的反应，请你以该反应是否会发生在自己身上为依据，对它们进行打分（1分 = 非常不符合，2分 = 不太符合，3分 = 有些符合，4分 = 符合，5分 = 非常符合）。

1. 孩子放学后想去打羽毛球，你发现他的作业还没完成。

你会：坚决要求他先完成作业再去玩耍。_____

2. 孩子想在周末参加社区组织的志愿者活动，但你认为这会影响他的补习课。

你会：不允许他参加，强调学业优先。_____

3. 孩子在画画时选择了冷门的颜色搭配，你觉得不太和谐。

你会：建议他采用你认为更合适的颜色组合。_____

4. 孩子在平板电脑上下载了一款你认为无益的游戏应用。

你会：未经孩子同意就将其卸载。_____

5. 孩子想报名参加学校的戏剧社团，但你担心这会影响学习。

你会：说服他选择对学习影响较小的兴趣小组。_____

6. 孩子在读一本你认为过于深奥的书，担心他理解困难。

你会：建议他阅读更适合他看的书籍。＿＿＿＿＿＿

7. 孩子对音乐课上的某种乐器表现出浓厚兴趣，想购买并学习。

你会：提醒他专注于学业，不要分心于课外兴趣。＿＿＿＿＿

8. 孩子与你分享对一部电影的独特见解，但与你的观点相左。

你会：强调你的观点才是正确的，试图改变他的看法。＿＿＿

9. 孩子在假期想参加夏令营，但你担心安全问题。

你会：为他安排家庭旅行，替代夏令营。＿＿＿＿＿＿

10. 孩子在房间贴满了偶像的海报，你觉得过于花哨。

你会：要求他取下大部分海报，保持房间整洁。＿＿＿＿＿

11. 孩子想尝试烹饪一道复杂的菜品，你担心他浪费食材。

你会：建议他先从简单的菜式学起，拒绝他的尝试。＿＿＿

12. 孩子与你讨论未来的职业规划，他的理想与你的期望不符。

你会：强调他应该选择更稳定、更有前途的职业。＿＿＿＿＿

13. 孩子在社交媒体上关注了一些你认为不适宜的内容创作者。

你会：要求他取消关注，并推荐你认为合适的账号。＿＿＿＿

14. 孩子与你分享了一位新结交的朋友，你对其家庭背景有所顾虑。

你会：提醒孩子谨慎交友，避免与这位朋友过多来往。＿＿＿

15. 孩子在课余时间热衷于观看科幻动画片，影响了你为他制订的阅读计划的开展。

你会：限制他观看科幻动画片的时间，确保阅读计划不受干扰。＿＿＿＿＿＿

16. 孩子对学校布置的手工作业感到困难，寻求你的帮助。

你会：代替他完成大部分手工工作，确保作品质量。＿＿＿＿

17. 孩子在艺术节上选择了较为另类的服装造型参加表演。

你会：认为他选择的服装不符合大众审美，要求他选择更加保守的服装。＿＿＿＿＿＿

18. 孩子在社区活动中结识了一个年龄稍大的青少年朋友，他们相处融洽。

你会：担心年龄较大的青少年可能给孩子带来不良影响，劝阻孩子与其继续交往。＿＿＿＿＿＿

19. 孩子躺在床上背单词，背了20分钟还是没有太大进展。

你会：严厉要求他坐在书桌前认真背诵。＿＿＿＿＿＿

20. 孩子放暑假了。

你会：给他一张写满任务目标的作息表。＿＿＿＿＿＿

请对这些场景中的反应进行评分，以评估你在不同方面的控制程度。

如果你的分数为 20 ～ 40 分，说明你的控制程度较低；如果你的分数为 41 ～ 60 分，说明你的控制程度尚可；如果你的分数为 61 ～ 80 分，说明你的控制程度较高；如果你的分数大于等于 81 分，说明你有极强的控制欲。

第二章

强烈的控制欲究竟从何而来

2.1　你为何暴躁易怒

你是否曾面对孩子的行为问题时，无法遏制内心的愤怒，任由责备与咆哮如狂风骤雨般倾泻而出？

那一刻，你的理智似乎被瞬间抽离，脑海中一片混沌，只剩下对眼前状况的极度不满与失望。

然而，当风暴过后，内心渐归平静，这时你是否会为那些冲动之下说出的刺耳言语、做出的过激举动深感懊悔，并暗自反思："这真的是我想传达给孩子的东西吗？我是不是过于严厉，甚至伤害了他？"答案往往是肯定的。

那时的你正被一种名为"情绪劫持"的心理现象所掌控。

01　情绪劫持

什么是情绪劫持？这一概念最早由美国哈佛大学心理学家、《情商：为什么情商比智商更重要》的作者丹尼尔·戈尔曼于 1995 年提出。

情绪劫持，又被称为"杏仁核劫持"，这源于我们大脑深处有一个名为杏仁核的区域。杏仁核作为大脑处理情绪的核心组件，一旦被特定情境中的外部刺激触发，便会迅速充血活跃，如同一匹野马横冲直撞，让你暴躁易怒。

此时，原本负责理性思考的大脑皮层功能被暂时抑制，个体陷入线性而极端的思维模式，难以进行冷静、客观的判断与决策。

在远古时代，情绪劫持作为一种生存机制，使我们的祖先在面临生死攸关的危险时，能够迅速做出战斗或逃跑的反应，激发身体潜能，以最快的速度逃离猛兽追击，或是鼓足勇气与之对抗。

然而，在现代社会，特别是在家庭教育的场景下，情绪劫持却常常扮演着破坏者的角色。

面对孩子看似"冥顽不灵"的行为，家长试图施加控制，却在双方僵持不下之际，被情绪劫持裹挟，变得暴躁易怒，与

孩子针锋相对，最终导致一场亲子间的激烈冲突。

02　情绪侧写的 4 种特质

每个个体对情绪劫持的敏感度并非完全相同，而是受到各自独特的情绪侧写的影响。美国知名科学作家、《情绪：影响正确决策的变量》的作者列纳德·蒙洛迪诺将这种差异性归纳为 4 种特质。

首先，情绪临界点。

就像每个人对笑话的敏感度不同，笑点有高低之分，人们的情绪临界点也有显著差异。易被情绪劫持困扰的家长往往拥有较低的情绪临界点，对琐碎之事也能产生强烈反应，情绪波动更为频繁。

其次，达到峰值的潜伏期。

有些家长的愤怒情绪犹如闪电划破夜空，顷刻间便熊熊燃烧；而另一些家长则似慢炖的热汤，其怒火需经一段时间酝酿方能达到沸点，甚至在火候未至时，问题已悄然化解。

再次，情绪强度。

一部分家长在情绪爆发时，犹如火山喷发，气势惊人，极具震撼力；而另一部分家长则如湖水，虽偶有涟漪，但总体上保持情绪稳定，能做到"泰山崩于前而色不变，麋鹿兴于左而目不瞬"。

最后，情绪复原力。

孩子的情绪犹如春天的天气，变化无常却又转瞬即逝，前一秒还泪流满面，下一秒或许就因拿到一件心仪的玩具而破涕为笑。相比之下，部分家长在经历情绪起伏后，内心需要更长的时间才能回归平静，情绪复原力相对较弱。

所以，对于那些时常被情绪劫持困扰的家长而言，他们的情绪侧写往往是这样的：情绪临界点低，一点火星即可点燃怒火；达到峰值的潜伏期短，火气瞬间飙升；情绪强度高，爆发力惊人；情绪复原力弱，从情绪波谷爬升至常态的过程缓慢而艰难。

这样的情绪侧写，无疑使他们在育儿道路上更容易陷入情绪失控的困境。

情绪劫持并非无法打破的牢笼，识别并理解自己的情绪侧写，就如同掌握了破解内在情绪密码的方法。当你学会如何与情绪和谐共处，不被它们牵着鼻子走，才能在育儿过程中用理智与爱去应对愤怒与冲动，与孩子共同成长。

2.2 为什么你总想控制孩子

有这么一部短剧曾引发热议：妈妈赠予女儿一只精致的智能手表作为礼物，女儿满心欢喜地接过，却未曾料到，这将成为她噩梦的开端。原本这只手表象征着关爱，也能帮助她时间管理，如今却成为束缚她的枷锁。

一天，同学打电话邀请女儿共度周末，他们愉快地交谈着。殊不知，母亲正悄无声息地在另一个房间监听着一切。女儿怀揣期待地走向母亲，刚准备提出外出游玩的请求，未待话语出口，迎面而来的是劈头盖脸的一顿责备。母亲的严厉眼神与刺耳训斥瞬间打破了女儿对美好周末的所有憧憬。

又一天，放学铃声响起，女儿与好友信步街头，沿途品尝小吃店的美食，享受片刻校园之外的轻松时光。然而，母亲的监控无处不在，手表的定位功能显示了女儿的行踪。母亲立刻拨打女儿的电话，质问为何不直接回家，丝毫未顾及女儿在公众场合的尴尬处境。

更为夸张的一幕发生在课堂之上。女儿出于善意，递给邻座同学急需的文具，这微不足道的互动竟也被母亲捕捉。通过手表的远程连线功能，母亲厉声要求女儿专心听讲，全然不顾课堂纪律与女儿的尊严。女儿瞬间成为全班瞩目的焦点，羞愧

与惊愕交织，她的世界仿佛瞬间崩塌，仿佛陷入一场难以逃脱的"社会性死亡"。

01　适度控制与过度控制

这一切，正是强势家长对孩子无孔不入控制的生动写照。控制，这一家庭教育中无法回避的主题，如同一把双刃剑，既可能保护孩子免受伤害，也可能成为孩子自由成长的桎梏。

在孩子尚年幼，缺乏判断力与自我保护能力时，家长的适度控制是必要的。比如当孩子试图乱穿马路时，家长会紧紧握住他们的小手，引导他们遵守交通规则，保证其安全；当孩子沉迷于电子设备时，家长会适时限制使用电子设备的时长，保障他们的身心健康。这些举措无疑体现了家长对孩子的关切与负责。

然而，凡事皆有度。当控制的触角延伸至孩子生活的每一个细微角落——诸如穿衣打扮、饮食口味、交友圈子等个人事务，家长口中的"我都是为你好"便显得苍白无力。这实质上是在焦虑与压抑的氛围中，对孩子的心灵施加无形的重压，甚至可能导致终身难以愈合的心理创伤。

02　总想控制孩子的三大原因

为何强势的家长总想控制孩子呢？主要有三大原因。

第一，缺乏边界感。

心理学者曾奇峰曾以悬崖与水域的边界对比阐述边界感的重要性：悬崖边界分明，人们自然会保持安全距离；而水域边界模糊不清，往往使人误入险境。

边界感，即个体对自己与他人之间界限的清晰认知与尊重，简单来说，就是"你的事归你，我的事归我"。若某位家长总是将孩子视为自身的一部分，随意闯入孩子

的私人空间，偷窥孩子的日记与聊天记录，密切关注孩子的行踪，无视孩子的抵触情绪，这位家长就是缺乏边界感的典型代表。

第二，缺乏安全感。

缺乏安全感的父母容易陷入持续的焦虑、恐惧与不安之中。当父母的内心世界动荡不安时，他们往往会将这种担忧投射到孩子身上。这常常表现为过度担忧孩子遭遇危险，严格限制其活动时间，一旦超过规定时间未归，便焦虑难耐，连续不断地拨打孩子的电话；试图全方位掌控孩子的生活，从学习计划、休息安排到日常饮食，无一不进行严密监控。这类父母的行为模式，恰恰反映出他们内心深处的安全感缺失。

第三，缺乏同理心。

具备同理心的父母能够敏锐地感知并理解孩子的情绪体验，他们在面对孩子的委屈与痛苦时，能够感同身受。因此，即使偶尔在行为上越界，他们也会迅速察觉并主动退让。当内心的焦虑与不安驱使他们想要过度干涉孩子时，同理心如同一道警钟，能及时制止他们的冲动，让他们避免说出伤人的话语或做出可能对孩子造成伤害的行为。反之，那些对孩子的情感需求视若无睹，一味坚持己见、过度控制的父母，往往因为缺乏同理心而无法与孩子实现情感共鸣。

现在，我们已经剖析了总想控制孩子的根源所在，也知晓了过度控制对孩子成长的危害。那么，下一步便是针对上述三大原因，寻觅一系列切实可行的解决方案，帮助父母控制自己的控制欲，从而让孩子在爱的庇佑下自由成长。

2.3　如何控制你的控制欲

　　过度控制的爱造成的后果犹如紧握的沙子，握得越紧，沙子流失得越快。唯有适度放手，方能让爱如阳光洒落，使孩子的心灵之花自由绽放。

　　但具体要如何做呢？是直接压抑自己的情绪吗？并非如此，下文将从导致控制欲爆发的三大原因入手，分别进行切入和拆解。

01　第 1 个切入点：好的亲子关系自带边界感

　　首先，要警惕"心理控制"，筑建心理边界感。

　　幸福的人用童年治愈一生，不幸的人用一生治愈童年。"心理控制"，作为父母教养行为的阴暗面，以限制表达、内疚引导、撤回爱意及否认情绪等为表现形式，如无形的枷锁般禁锢孩子的精神自由，扭曲其情绪发展，为孩子埋下一生难愈的焦虑与抑郁之种。

　　其次，要小心"共生吞没"，筑建空间边界感。

　　"共生吞没"，即家庭成员间过度紧密的共生关系，使父母对子女的生命力产生吞没效应。这通常表现为父母过度依恋子女，比如频繁打扰寄宿子女，成年子女与父母的生活过度交融，包括共睡一张床、共用一只刷牙杯等。"共生吞没"会消除个体差异，导致孩子变成"妈宝"或未来遭遇亲密关系危机。

最后，要拒绝"包办父母"，筑建能力边界感。

对能力边界感的忽视常导致父母过度包办孩子的生活，使孩子在单一学习能力突出的同时，丧失基本生活技能与适应能力。以某"天才少年"为例，其母过度代劳生活琐事，导致其生活无法自理，最终被劝退。管理学家吉姆·柯林斯曾说："最杰出的企业家，追求制造时钟，而非成为报时人。"同样，高水平的父母也应在亲子之间筑建能力边界感，授孩子以渔，而非授孩子以鱼。

02　第2个切入点：建立信任，减轻焦虑，重获安全感

为什么孩子超过规定时间未归，却不愿意打个电话、发个消息，给你报个平安呢？是他们没这个意识吗？有这种可能，但更大的可能是：他们不愿意和你沟通。

为什么他们不愿意和你沟通呢？因为和你沟通总会遭到反对、打击，试问：有谁愿意总和反对、打击自己的人沟通呢？这反映了你和孩子间的信任没有建立起来。所以，你的目标应当是与孩子建立信任，只有如此，孩子才愿意和你沟通，有了沟通，你自然就能获得安全感。

　　此外，看到孩子太闲，总是焦虑，想给孩子报各种班、买各类教材，造成亲子关系紧张，怎么办？你可以选择提升自己的认知水平，充分理解什么是"以终为始"。

　　"以终为始"出自史蒂芬·柯维的《高效能人士的七个习惯》，在育儿中指父母在行动前先明确目标，再付诸实践，重视"为什么"胜于"怎么做"。比如为发现孩子的天赋，让他们尝试多样课程以分辨其兴趣；或为提升孩子的英语成绩，助其积累词汇。践行"以终为始"的理念，既能减少无效的时间占用，减轻孩子压力，又能帮助孩子科学规划未来。

03　第3个切入点：提升同理心或者"不用情绪，用好策略"

同理心是良好的家庭教育的起点。但有些父母天生同理心强，有些父母却缺乏感知他人情绪的能力，怎么办？一方面，你可以刻意培养同理心，提升自己的情绪感知能力；另一方面，你也可以通过阅读下一章中的 30 个常见育儿场景，从学业、生活、心理及行为 4 个维度学习如何应对这类控制欲爆发的场景。

期待你能从相应的场景化行动策略中汲取营养，以边界护航，信任筑桥，在帮助自己控制住控制欲的同时，也让孩子的心灵之花自在盛放。

第三章

控制欲上头场景及行动指南

3.1 学业篇

3.1.1 孩子写作业磨叽，怎么办

很多父母都有这样的苦恼：自家"神兽"坐在写字台前，不是一会儿玩橡皮、一会儿发呆，就是 10 分钟前在做这道题，10 分钟后还在做这道题。

01 磨叽的 3 个原因

原因 1：从脑科学角度，孩子磨叽和人类大脑发育进程有密切关系。

大脑中有两个区域每天都在互相牵制，决定着人们的日常

行动。比如当你看到一支冰激凌时，你大脑中负责情绪的边缘系统就会活跃，让你产生想要立刻吃掉它的冲动，但负责理性的前额叶皮质又会用理性抑制这种冲动。

边缘系统通常在人类满 12 周岁时就完成发育，而前额叶皮质则要在人类满 25 周岁时才能完全发育成熟。所以，孩子在学习时，前额叶皮质的理性抑制力量不及边缘系统的活跃性，孩子更容易走神、磨叽，这是符合自然规律的。

原因 2：部分孩子的磨叽是父母"培养"的结果。

一些焦虑的父母在看到孩子做不出题的时候，内心特别着急，直接代替孩子解决问题。于是，孩子很容易产生"路径依赖"，即人一旦习惯某种选择，就仿佛走上一条"不归路"，会不断强化这类选择，难以做出其他选择。

这样一来，孩子就会有意无意地通过磨叽来刺激家长，设法从家长处获得题目的答案。

原因3：父母唠叨的频率太高，从而产生了心理学中的
"超限效应"，即刺激过多、过强或作用的时间过久，引起极
不耐烦或逆反的心理现象。

在"超限效应"的作用下，孩子不一定明面上反抗你，
也可能使用磨叽这种被动、隐匿的方式来向你宣示自己的自
主权。

02 应对磨叽的策略

策略1：学会接纳孩子的大脑发育特征。

既然我们能理解老人腿脚不灵便、走路慢的情况，为什么
我们就无法接纳孩子的前额叶皮质尚未发育成熟，理性力量远

弱于感性力量的事实呢？

　　老人腿脚不便显而易见，孩子大脑前额叶皮质发育不成熟却难以察觉。相信你已有此认知，能理解并接纳边缘系统发育早于前额叶皮质这一事实，也能理解孩子因此拖延，相信你不会再通过随意宣泄情绪来控制孩子。

　　策略 2：打破"路径依赖"，让孩子自己承担其行为所产生的后果。

　　心理学中的"100% 效应"认为，如果父母与孩子共同做一件事情，父母不做其中的 30%，孩子就会做这 30%；倘若父母不做其中的 70%，孩子就会做这 70%。你每次都能帮他兜底，他就不必承受作业没做完、第二天被老师批评的后果。

但就像一个金句说的那样：**人从来都不是劝醒的，而是痛醒的。**

你只有克制自己去纠正孩子错误行为的欲望，让他自己承受其行为所产生的后果，让他痛几次，"路径依赖"才能在他感到痛苦后被彻底打破。

策略 3：让孩子尝试"自主选择学习法"，即提前让孩子自己制订学习计划。

第一步：罗列任务。

父母可以和孩子一起梳理今天一共有多少学习任务需要完成，把它们都写在一张纸上或者输入一张 Excel 表格里，就像列出工作中的待办事项一样。

第二步：任务排程。

让孩子自己选择优先完成哪项任务，计算完成这些任务分别需多少时间。这一步非常关键，父母不能随意干涉。因为自主选择能启动人类心理中的"承诺与一致效应"，人无论在哪个年龄段，都在追求内心自洽，所以如果是自己选的，孩子就有更高的概率在自己规定的时间内完成任务。

第三步：反馈并进入下一轮。

孩子完成一项任务后，可以用红笔在这项任务旁打钩；如果任务列在了 Excel 表格里，则可以用绿色对这行进行填充。标记任务完成的动作很有仪式感，能让大脑分泌一种叫作内啡肽的激素，让人获得成就感，激励孩子执行下一项学习任务。

多次践行这 3 个步骤，孩子会体会到自己及时完成任务的成就感，自然而然地摆脱对父母的"路径依赖"，并在父母有策略的帮助下，养成像"升级打怪"般完成学习任务的习惯，在学习上逐步摆脱磨叽，成为一个更主动学习的孩子。

3.1.2　孩子注意力不集中、容易分心，怎么办

你听说过"橡皮定律"吗？

很多父母都想知道自己的孩子是否容易分心，一位资深的一线老师支了一招：看孩子铅笔盒里的橡皮。

如果橡皮干净，完好无损，说明孩子专注力强；如果橡皮中间有笔迹，或者被戳了个洞，说明孩子有时会走神。如果橡皮上面被笔戳了很多洞，或者边缘坑坑洼洼如同被狗啃过，那

孩子开小差的问题就比较严重。

不过，知道孩子注意力不集中、容易分心是一回事，如何确保孩子别开小差、提升专注力，又是另一回事了。

01　专注力的 3 个特点

在学习具体的"怎么办"之前，我们有必要先理解专注力的 3 个特点。

特点 1：专注力不是培养出来的，而是保护出来的。

美国专业学者通过实验研究专注力，让父母与孩子佩戴追踪眼球运动的设备，观察他们在多情境下的表现。

结果显示，专注力最强的孩子多来自"自主探索、父母仅给予反馈"的家庭；"父母过度干预"时，孩子视线易分散至天花板；专注力最弱的孩子则多来自"完全放任、缺乏关注"的家庭。这说明，父母的关注与陪伴对培养孩子的专注力至关重要。

特点 2：专注力是消耗品，是有限度的。

专注力无形，却如肌肉一般容易疲劳，长时间专注会让孩子感到倦怠。我们可以把专注力类比为某些网络游戏中的血槽，随着专注时间延长，血量就会减少。而内外环境变化、打断专注力、重新聚焦，它会大幅度消耗，比如突然想上厕所、突然口渴都是会让孩子的"血槽"里的血量减少的"怪物"。

特点 3：影响孩子专注力的 3 个因素。

因素一是环境，全神贯注的环境，如考场，可以提升孩子的专注力；因素二是任务难度，任务难度影响专注力，过高易导致困惑，过低则会让孩子感到单调、乏味；因素三是反馈，及时反馈能提升专注力，因其使成果可视化，会催生孩子的内驱力。

02　如何提升专注力

我们已理解专注力的 3 个特点，接下来就要有针对性地构建提升专注力的方案了。我把它称为 1 个心法、2 种工具和 3 个要素。

1 个心法："陪读不如陪伴"。

"陪读"与"陪伴"并非同一概念。教育心理学家陈默教授曾指出，"陪读"好比大老虎监督小白兔，孩子处于紧张状态，专注力消耗会加剧；而"陪伴"类似小灰兔与小白兔相伴，孩子在完全自主的环境下学习。"陪伴"能营造出利于学习的氛围，有助于提升孩子的专注力。

以我为例，我常与儿子同桌学习，我阅读，他完成作业。在他遇到棘手问题求助于我，我解答后，我们会继续在这种和谐的学习环境中各自保持专注。

2 种工具：分别是番茄学习法和舒尔特方格。

番茄学习法源于番茄工作法，父母可以设定每轮学习时

长为 30 分钟，前 25 分钟保持专注，后 5 分钟休息。父母与孩子约定在此期间孩子专心学习，父母避免打扰。孩子需要提前处理内部打断，比如喝水、吃点心、上厕所等，也需要及时处理外部打断，比如和他人交谈等。

25 分钟后，无论进度如何，孩子暂停学习，可以去阳台上看看风景，稍事休息。如果家中能准备一个沙漏用来计时，还能增强仪式感。

舒尔特方格是一款提升专注力的游戏，要求孩子快速点击随机排列的数字方格，训练眼部追踪力，锻炼专注力。用手机等在各大应用市场搜索"舒尔特方格"即可下载相关应用。

3 个要素： 前面已介绍过，分别是全神贯注的环境、任务难度和及时反馈。

全神贯注的环境可以通过使用番茄学习法来搭建。

任务难度与学习难度及所需时间密切相关。父母应引导孩子辨识学习材料的难易度，侧重于基础题型而非怪题、难题。同时，培养孩子对任务完成时间的感知与判断，如设定每道题平均用时，计算一小时内可完成的任务量，以此制订合理的学习计划。

及时反馈很重要。建议父母与孩子在周末下午共同规划待完成任务，列出任务清单并标注所需时间。

每完成一项任务，让孩子亲自打钩标记，以增强其成就感。这种即时反馈机制能使孩子的大脑分泌内啡肽，让孩子获得克服困难后的"奖励"，从而激发他们在后续学习中产生更强的内驱力。这样，孩子既能提升专注力，又能进入专注力提升—任务高效完成—进一步提升专注力的良性循环，最终养成高度专注的学习习惯。

当你理解了专注力的特点，巧用"陪读不如陪伴"心法，善用番茄学习法、舒尔特方格双工具，掌握营造专注环境、调控任务难度、实施及时反馈三大要素，孩子的专注力就能长久地聚而不散。

3.1.3 孩子各种耍赖、找借口而不愿学习，怎么办

辅导作业如今已成为不少父母心头挥之不去的"痛"。

一句"辅导作业一时气，一直辅导一直气"的流行语，

反映出父母的无奈与焦虑。更有甚者，戏称父母辅导作业如同"渡劫"，由此催生出所谓的"恐辅症"。

这不禁让人疑惑，为什么曾经我们写作业时似乎没那么让父母操心，而如今的孩子却各种耍赖、找借口而不愿学习。这个问题到底要怎么解决呢？

要解决这个问题，我们需要深入剖析孩子耍赖和找借口等"写作业难"的本质。根据斯坦福大学福格教授的行为原理模型 B=MAT（行为 = 动机 × 能力 × 触发），孩子"写作业难"的症结主要在于能力或动机的缺失。

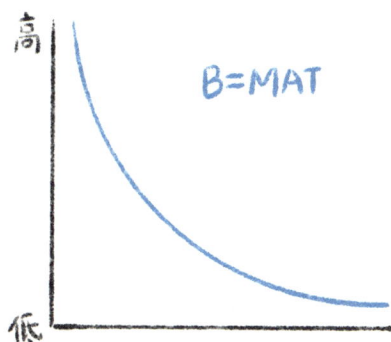

01 能力缺失问题

能力缺失问题可以分解为以下 3 种情况。

情况 1：知识点未掌握。孩子上课时注意力分散，或虽注意力集中但短时间内未能完全理解知识，导致对知识的掌握不透彻，做题时自然束手无策。

情况 2：偏科现象。每个孩子都有优势学科与劣势学科，如果孩子对某一学科抵触，就可能导致写作业时的拖延现象。比如在我小时候，抵触语文，总是将作文作业拖到最后一刻才做。

情况 3：作业负担过重。尽管学校给每位学生布置的作业量相同，但孩子完成作业的效率存在显著差异。若孩子完成作业的效率无法应对当前的作业量，写作业便成了一场"苦战"。

02　动机缺失问题

动机缺失问题也能分解为以下 3 种情况。

情况 1：缺乏预习动机。预习不足就会导致在课堂上难以跟上进度，回家后需花费大量时间补习旧知识，而这会进一步挤压预习新课的时间，从而形成恶性循环。

情况 2：对老师的好恶影响对相应学科的兴趣。孩子对老师的喜好直接影响其对相应学科的热情及投入时间。对于自己喜欢的老师，孩子往往对相应学科有强烈的学习欲望；反之则很反感，不愿去投入时间。

情况 3：错误的激励方式削弱内驱力。父母采用物质奖励诱导孩子学习，短期内看似有效，实则易使孩子靠外在奖励推动学习，内在学习动力不强，且随着边际效应递减，物质奖励的效果会越来越不明显。

03　破解之道三步走

现在，我们理解了孩子"写作业难"的本质，就可以采取以下三步走的策略了。

第一步：接纳现实，放下执念。 高学历父母常常会拿自身的学习经历与孩子对比，因此倍感痛苦。然而，均值回归现象表明，高学历父母的子女并不一定拥有超常的学习天赋。明智之举是承认并接受孩子作为普通人的事实，他们同样需要通过后天努力和采取恰当策略来取得理想的成绩。

第二步：传授学习思维，帮助提升学习能力。 父母可以通过以下 3 种办法来提升孩子的学习能力。

第一，培养预习习惯。 利用"抢占式学习"，让孩子在固定时间和地点专注预习，提前掌握大部分新知识，课堂上只需针对少数难点进行深度学习。

第二，攻克偏科。 正视孩子在某些学科上投入时间少、基础题型掌握不足的问题，与孩子共同制订针对基础题型的强化计划，通过增加时间投入弥补差距。

第三，引入高效学习策略。 学习并向孩子传授康纳尔笔记法、错题本法、费曼学习法等高效学习策略，丰富孩子的学习工具箱。

要想有效解决偏科难题或者学习各类学习策略，你可以阅读我的另一本书《抢分：偏科自救指南》。

第三步：激活内驱力，沟通引导。

前文说过，父母应如灯盏，而非拐杖。父母成为灯盏的具体措施包括以下几个方面。

首先，摒弃物质奖励，强调精神鼓励。让孩子在解题过程中体验成就感，适时给予口头表扬，让孩子从取得的好成绩中收获精神满足。

其次，引导孩子欣赏老师的优点。面对孩子对老师的反感，引导他们发现并关注老师的优点，转移对老师缺点的关注，缓解孩子的负面情绪。

最后，进行"认知解离"。让孩子明白对老师的好恶不应影响对学科投入的时间和对学科本身的看法。

面对孩子"写作业难"的问题，父母切勿产生"恐辅"心理。当我们洞悉能力与动机的本质，以三步走策略换辅导之

"痛"为成长之"通"，孩子必然会与我们共同成长。

3.1.4　孩子"无效苦学"，成绩难以提高，怎么办

请想象这样一个场景。

深夜的书房，灯光昏黄而静谧，映照在孩子稚嫩的脸庞上。他疲惫的眼睛紧盯着面前厚厚的习题册，手中的笔在纸上沙沙作响，却始终无法得出正确答案。

尽管他每天熬夜苦读，牺牲了玩耍和休息的时间，但成绩单上的分数却未能显著提升。此时，如果你发现孩子临近半夜仍在书桌前苦苦挣扎，会不会开始焦虑，"为什么同样的题目做了几十遍还错！难道孩子不是学习的料吗？"

事实上，许多父母都面临着孩子"无效苦学"的困扰，同时，他们的焦虑情绪又进一步加剧了孩子的学习困境。孩子付出了大量的时间和精力，成绩却难以提高。

问题究竟出在哪里？我们需要从问题的本质入手，寻找解决之道。

01　无效苦学的本质

孩子努力但不出成绩，主要有三大原因。

原因1：学习缺乏方法

方法不对，努力白费。很多"无效苦学"的孩子只知道努力，习惯使用"题海战术"，认为做题越多，成绩就会越好。然而，这种机械重复使孩子缺乏深度思考，对知识点的理解浮于表面，无法形成系统的知识网络，导致孩子面对复杂问题时无从下手。此外，缺乏合理的时间管理和复习策略也容易使学习效果大打折扣。

原因2：兴趣缺失，动力不足

有兴趣主动学和没兴趣被迫学的效果可谓云泥之别。有学习兴趣的孩子，通常不以完成作业为目标，而是以把知识点全部搞懂为目标；而迫于父母和老师的压力被动学习的孩子，往往事倍功半，而且很难在学习过程中获得成就感，对解决问题缺乏热情，学习过程会变得痛苦而低效，学习效果当然不好。

原因3：身心压力过大

长时间的高强度学习会使孩子身心疲惫、睡眠不足、易感焦虑，这些都会严重影响学习效率。压力过大，大脑难以保持高效运转状态，孩子可能陷入"越努力，越无力"的恶性循环。此外，强势父母的暴躁情绪和过高期待更会加大孩子的心理压力，并加剧 "无效苦学"的状况。

02　破解怪圈的策略

策略1：找到适合孩子的学习方法

父母可以选择鼓励孩子转变学习观念，从"量"的积累转向"质"的提升。

父母在此过程中可以教授孩子如何进行深度学习，比如使用康奈尔笔记法，主动归纳总结知识点，构建知识体系；运用费曼学习法，尝试用自己的语言解释概念，检验自己对知识点的理解程度；采用二八刷题法，根据自己的薄弱环节查漏补缺、定向刷题等。

此外，父母还可以学习和教导孩子时间管理方法和复习策略，比如使用番茄学习法提高专注力，遵循艾宾浩斯遗忘曲线规律进行有效复习。

策略 2：激发学习兴趣，培养内驱力

每个孩子都有不同的天赋。如果父母能尊重并发掘孩子的兴趣爱好，尽可能将其与学业相结合，让他在感兴趣的主题中找到学习的乐趣，就很可能帮助孩子从被动学习转为主动学习。比如，如果孩子对科技感兴趣，父母可以引导他通过学习物理、数

学来深入探究；同时，帮他设置合理的学习目标，适时给予正向反馈和奖励，增强他的成就感，从而提升他的学习动力。

策略 3：关注身心健康，适度减压

除了保证孩子有足够的休息时间，父母还可以鼓励他进行适量运动，如散步、打球等，以缓解学习压力，提高学习效率；引导他学习放松技巧，如深呼吸、冥想等，以应对学习中的焦虑情绪。此外，强势父母可以调整教育态度，理解和接纳孩子的学习困难，避免过度批评和施压，营造一个充满爱与支持的家庭环境，让孩子在轻松愉悦的氛围中学习。

深夜的书房，灯火虽昏黄，智慧却可发光。学习之道，不在于埋头苦练，而在于深度思考与方法得当；兴趣是最好的老师，它能点燃内心火焰，比任何压力都更能照亮前行的道路。

莫让压力掩埋天赋，学会适当放松，方能唤醒潜力，舞动知识的翅膀。

每一位父母，都是孩子学习旅途中的引路人，与其焦虑不安，不如用爱照亮前方。

教育不仅是为了提升孩子的成绩，更是为了点燃孩子心中对学习的热爱，我们希望孩子既能享受破浪前行的挑战，也能欣赏沿途的美景。

3.1.5　孩子抵触某一学科，怎么办

假设有这样一个场景。一天早上，你发现已经过了孩子平时起床的时间，但孩子就是不想起床上学。在你的询问下，孩子告诉你，今天第一节课是数学课，而数学老师极其严厉，上课时规矩很多。所以，他抵触数学课。这时，你会有什么反应呢？

A. 和他说，不喜欢也得上，快起床，否则后果自负。

B. 数学课是主课，主课都不想上，你是不想考好学校了吗？

C. 既然你这么害怕数学老师，我今天就帮你请假，你在家休息吧。

D. 你怎么这么胆小？连个严厉的老师都害怕，将来还能做什么大事？

你选好了吗？

答案是：以上选项都不正确。真正有效的方式是：坐下来，耐心倾听他的困扰，理解他的感受，并引导他做出你想要的选择。

具体要怎么做呢？

01　第一步：倾听与共情

在孩子越是抵触时，你越需要平和。首先，请保持冷静，以平和的语气与孩子沟通："我注意到你今天似乎不愿意去上学，尤其是上数学课。我能感觉到你现在的心情不太好。想不想跟我聊聊具体是什么情况呢？"

请注意，你应让孩子充分表达对数学老师的感受，包括数学老师的严厉程度、课堂规矩的具体内容，以及这些因素如何影响他的学习体验。在此过程中，避免打断或批评，让孩子

感受到被认真对待。

接下来是表达共情。你可以在听完孩子的描述后，回应道："我理解数学老师的严格和课堂规矩的繁多让你感到压力很大，甚至有些害怕。换成是我，可能也会有这样的感觉。你的感受是完全正常的。"

02 第二步：引导理性认知

共情后，你就已经成功按下了孩子的沟通按钮，此时孩子可以听进去你的话，这时再开始探讨数学的价值并不晚。而且，尽管孩子现阶段对数学老师有所抵触，但引导他抛开老师的因素，理性认识到数学本身的重要性并不困难。

比如你可以说："学习数学可以培养逻辑思维，而逻辑思维对日常生活和未来职业发展都有深远影响。"或者你也可以通过提问来引发孩子的主动思考，你可以说："那你觉得数学

在生活中有哪些用处呢？或者有没有哪个你感兴趣的事物与数学有关联？"

当孩子认识到数学的重要性后，你可以让孩子明白，虽然他可能对数学老师的教学方式有意见，但这并不意味着他必须排斥数学这门学科。比如你可以说："我知道你对数学老师的教学方式不太满意，但这与学好数学本身是两回事。数学是一门有用的学科，我们可以一起寻找适合你的学习方法。"

03　第三步：制定应对策略

完成第二步后，你也可以适当教会孩子一些情绪调节的小技巧，比如深呼吸、短暂休息、进行积极的心理暗示等，帮助孩子在面对压力时有效进行自我调适。

此外，你也可以用一些案例去鼓励孩子尝试和他抵触的老师进行沟通。比如我在中学时代也曾不太喜欢数学老师，后来我在某次下课后，鼓起勇气单独找老师聊了聊，表达了自己对课堂规矩的一些看法，还试着寻求理解和调整的可能性。

结果证明，再严厉的老师看到学生谦卑地来找自己，也会认识到自己的教学方式可能存在的问题。在那之后，我和这位老师相处得越来越好了。

面对孩子对上某学科有抵触情绪时，切忌粗暴强迫或消极逃避，明智的父母会选择倾听孩子的想法，用共情架起沟通的桥梁，用理性认知帮助孩子找到解决问题的方法，引导孩子穿越困境，掌握应对挑战的策略。

毕竟，**教育之道，不是强按牛头饮水，而是让细雨无声润物；不是疾风骤雨般责备，而是春风化雨般启迪。**让孩子在理解与接纳中化解抵触情绪，在理性认知与正确采取策略中重塑信心，这样才能引导孩子在学习的旅程中重新找回动力，自信地迎接新的挑战，稳步成长。

3.1.6　孩子考试总粗心，怎么办

你的孩子考试粗心吗？面对孩子考试中频繁出现的粗心问题，你会怎么解决呢？

很多父母的做法是：提醒孩子"下次要细心一点"。抑制不住自己怒火的父母，甚至可能用惩罚来威胁孩子。然而，无论是提醒，还是惩罚，只能算作不同强度的提示，往往无法从根本上解决问题。因为，它们本质上都是将目标——避免粗心，错误地当作解决问题的方法。

就如同父母期望孩子在年级考试中取得前 20 名的成绩，仅仅设定目标并不能使之自动实现，父母更应该找到通往目标的路径，通过持续努力，一步步帮助孩子实现目标。

那么，对于解决考试粗心这个问题，具体的路径又是什么呢？

接下来，我们将继续践行"不用情绪，用好策略"的主

张，详细探讨 5 条切实可行的路径，帮助孩子摆脱考试粗心的困扰。

01 路径 1：提升审题技巧，避免审题粗心

审题粗心是导致失分的常见原因，如看错小数点、混淆运算符号等。孩子要规避此类问题，可采用以下 3 个审题技巧。

首先，只字不落地阅读。摒弃快速浏览，逐字逐句在心中默读题目，确保全面准确理解题意，避免因求快而主观臆断题目要求。

其次，圈画关键信息。养成用笔圈出数字、符号、字母、单位及关键词的习惯，使这些重要元素在视觉上突出，降低误读或忽视的可能性。

最后，标注条件序号。为题目中的已知条件标序号，既能防止混淆条件，又能在解题过程中提示自己哪些条件尚未利用，为解题思路提供指引。

学会这 3 个技巧，孩子在审题阶段便有了明确的方向和着力点。相较于空泛的"要细心"的提醒，这更能有效地帮助孩子预防粗心。

02 路径 2：善用草稿纸，避免落入凌乱陷阱

有些孩子的草稿纸书写凌乱，字迹潦草，这不仅影响解题效率，还可能导致验算困难、抄写错误等问题。改善草稿纸的

使用习惯，可遵循以下两个原则。

原则 1：分区使用。将草稿纸合理划分为多个区域，每次仅使用其中 1 ～ 2 个区域，保证解题过程条理清晰。

原则 2：保持字迹工整。尽管考试时间紧张，但仍需尽量保持书写清晰，牢记"慢即是快"的道理。整洁有序地打草稿不仅能提升答题准确度，还有助于后续的检查，节省宝贵的考试时间。

03　路径 3：换一种方式验算，发现自己的粗心

对于已得出的答案，除了常规的代入验证，还可尝试采用不同的计算方法进行验算。每个人都有思维盲区，对同一道题目使用不同解法，能从不同角度审视问题，降低犯同样错误的概率。若两种方法得出的结果一致，则答案的准确性较高；若结果不同，则可以发现存在的粗心错误，及时纠正，避免不必要的失分。

04　路径 4：列粗心清单，可视化粗心历史

每个孩子的粗心表现各有特点，有的是易看错小数点（输入粗心），有的是易抄错运算符号（输出粗心）。孩子可准备一个笔记本，专门记录自己的粗心历史，分类整理并深入分析粗心的类型和情境。这份清单如同道路上的"事故警示牌"，可以提醒孩子在相似题型或情境中放慢节奏，提高警惕，有针对性地避免粗心陷阱。

05 路径 5：暗示自己是一个细心的人

父母还可以运用心理学中的"自证预言"效应，鼓励孩子积极暗示自己是个细心的人。这样的心理建设有助于孩子在面对复杂问题时保持耐心，专注于审题、草稿纸管理、多样验算以及总结过去的粗心错误。通过这些实际行动，孩子会逐渐塑造并强化细心的习惯。

在教育孩子的道路上，面对考试粗心这一高频问题，父母务必记得，简单的提醒与严厉的惩罚仅是"表面文章"，难以触及问题的根本。真正的解决方案，不仅需要明确目标，更要铺设扎实的攀登路径，让孩子稳步前进，化粗心为细心，最终达到自己的巅峰。

3.1.7 孩子写字难看，考试总扣清洁分，怎么办

请想象这样一幅画面。

晚饭过后，书房的灯光下，一位妈妈正凝视着孩子的作

业本。纸上，稚嫩的字迹如醉酒舞者般歪斜摇摆，每一个字符都在挑战着视觉的秩序。此时，妈妈的心头仿佛有万千蚂蚁在爬，实在忍无可忍之时，手指不由自主地抓起橡皮，迅速抹去那些令她眉头紧锁的字。

激动的情绪让她动作过猛，纸张发出痛苦的"哀鸣"，裂痕如闪电般划破宁静。孩子惊愕地看着自己的劳动成果被粗暴地摧毁，泪水瞬间盈满眼眶，继而放声大哭。

这一幕你是否熟悉呢？

事实上，很多父母都明白，在写字这件事情上，急躁不能解决任何问题，反而加剧了亲子间的紧张氛围。那究竟该怎么办呢？首先，我们还是需要了解这件事情的本质。

01　写字难看的本质

事实上，孩子写字难看、屡遭老师扣减书面清洁分，这看似只是书写技能的欠缺，实则涉及心理、教育方法及时间管理3个方面。

先看心理因素。孩子可能惧怕批评、急于求成或缺乏自信，从而在书写时紧张不安，导致字迹凌乱。强势父母的过度干预与负向反馈进一步加重了孩子的心理负担，以至于形成恶性循环。

再看教育方法。很多父母由于过于愤怒，通过责骂甚至直接抓起橡皮擦除难看的字迹。这些方式过于粗暴，且未能引导孩子认识并改正错误，更没有教授孩子改进字迹的有效方法。这种"代劳式"教育忽视了培养孩子自我纠错与提升能力的重要性。

最后是时间管理。改善字迹不可能一蹴而就，需要合理规划训练时间与方式，确保孩子有持续、适度的练习机会，而非"临时抱佛脚"。

02　长、短期策略结合，解决书写难题

面对孩子写字难看的问题，父母唯有调整心态，采取科学的教育策略，短期致力于提升字迹的辨识度与整洁度，长期致力于提升字迹的美观度，方能达成好的结果。

短期策略：提升字迹的辨识度与整洁度

首先，降低期待，做好心理建设。很多父母自己写字也并不好看，却要求孩子写字规整，这就是双重标准。与其存有过高的期待让自己焦虑，父母不妨先平复自己的内心，降低对孩子的期待；同时，理解孩子在学习过程中的困难，肯定孩子的努力，减轻孩子的心理压力，并明确告诉自己和孩子，写字上的进步需要时间和耐心，每一次小的进步都值得表扬。

其次，规范书写习惯。这可以从 3 个方面入手。

第一，字体大小。指导孩子按照印刷方框或横线空间的四分之三为基准调整字体大小，避免因过大或过小导致辨识困难。**第二，字间距。**尤其在作文中，向孩子强调保持字与字之间 1 ~ 2 毫米的间距，以增加整体的整洁感。**第三，力度控制。**提醒孩子避免用力过度，尤其是写撇、捺等长笔画时，防止超出边界，影响卷面整洁。

最后，模拟考试情境。父母可以选择每个周末的下午组织模拟考试，让孩子在规定时间内完成作文，同时强调书写规范，使孩子适应考试节奏，在有限的时间内尽可能地养成良好的书写习惯。

长期策略：提升字迹的美观度

提升字迹的美观度有 4 个技巧。

技巧 1：和孩子一起制订合理的练字计划。你可以结合孩子的课业负担，和孩子一起规划每周固定的练字时间，让孩子参与决定，这样孩子就更有动力来长期、可持续地练习。同时，辅以番茄学习法，让孩子在专注练字后进行适度休息，提高效率。

技巧 2：**趣味化练字，让练字变得有趣。**练字时，你可以允许孩子听他喜爱的有声读物，比如《明朝那些事儿》《斗罗大陆》等，使练字过程充满乐趣，减少枯燥感，增强孩子坚持的动力。

技巧 3：**即时奖励与反馈。**设立小目标与奖励机制，每当孩子达到一定的练字目标或取得明显进步时，你就给予孩子一些精神上的奖励，增强孩子的成就感。

技巧 4：**专业指导。**如有条件，你也可以从网上找一些专业的练字教程，确保孩子接受正确的笔画教学和结构训练，避免孩子在自行摸索过程中形成不良书写习惯。

正所谓：小草不争高，争的是生生不息；流水不争先，争的是滔滔不绝。书写这门技艺，并非一日之功，却能雕琢孩子一生。如果每个父母都能结合以上长、短期策略，那么孩子就更可能穿越困惑的迷雾，笃定恒心，形成好习惯，于一笔一画间实现超越分数的价值。

3.1.8　孩子一遇到考试就紧张，怎么办

你的孩子在遇到考试的时候会紧张吗？如果你多问几句，是不是孩子就更紧张了？这个时候，你是不是不知道该怎么办？

的确，在孩子面临考试的关键时刻，有的妈妈无法做到像孩子爸爸那样淡定，她可能会忍不住表现出高度的关注与期待。尽管她的初衷是希望孩子在考试中取得好成绩，但过度的干预或者严格的要求，往往会在无形中加剧孩子的考试焦虑。

01　考试紧张中的脑科学

人们一般认为考试焦虑是对未知结果的过度担忧、对自我的过高期望及对失败后果的过度恐惧。而从脑科学的角度看，一遇到考试就紧张，还和 3 个要素有关。

第一，杏仁核激活。杏仁核是大脑的情绪中心，负责处理

恐惧、焦虑等负面情绪。当
面临重大考试时，大脑将考
试成绩与个人价值、未来前
景等重要事项紧密关联。杏
仁核感知到这种潜在威胁，
便会启动"战斗或逃跑"反
应，引发孩子的紧张、焦虑
等情绪。

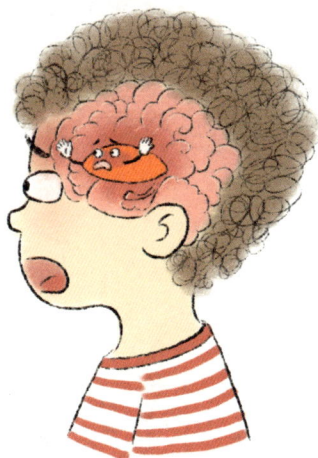

**第二，前额叶皮质抑制
功能减弱。** 前额叶皮质负责功能执行、决策制定、情绪调节等
高级认知过程。压力状态下，前额叶皮质对杏仁核的抑制作用
很可能会减弱，以至于孩子情绪失控，难以理性应对考试压
力。同时，在压力的作用下，孩子往往还会出现注意力分散、
记忆力下降等问题，学习效率也会降低。

第三，神经递质失衡。 压力情境下，大脑内的神经递质，
比如皮质醇、肾上腺素、血清素和多巴胺等，都会发生变化。
皮质醇水平升高，可能导致免疫系统功能下降、记忆力受损；
血清素减少可能加剧抑郁情绪；而多巴胺减少则可能影响动机
和愉悦感。这些神经递质的失衡进一步加剧了焦虑和压力感。

明白了这 3 点后，父母就能有针对性地寻找解决方案。

02　应对考试紧张的脑科学策略

首先，针对杏仁核激活与前额叶皮质抑制功能减弱，父母可以引导孩子进行情绪调节训练。 比如通过正念冥想、深呼吸、渐进性肌肉松弛等方法，增强前额叶皮质对杏仁核的调控能力，降低情绪唤醒水平。这些训练能使大脑专注于当下，减少对未来的担忧，从而减轻焦虑。

其次，针对神经递质失衡，父母可以通过饮食手段进行调整。 比如让孩子吃一些富含 Omega-3 脂肪酸的坚果，以及富含维生素 B、镁、锌等对大脑有益的营养素的食物，同时减少糖分的摄入。这些营养物质有助于孩子维持神经递质的平衡，提升情绪稳定性。此外，吃一些香蕉、富含维生素 C 的蔬果和黑巧克力也都有助于舒缓压力。

最后，为了防止孩子精神压力过大，父母还可以让孩子 通过阅读内容简单的纸质书、泡脚等方式提高睡眠质量；通过快走、慢跑、跳绳等有氧运动，促进内啡肽释放，提高情绪和认知功能；通过与亲友或者同龄人分享压力感受，刺激催产素等"拥抱激素"的分泌，对抗压力带来的负面影响。

面对孩子的考试焦虑，父母不应成为施加压力的源头，而应担当孩子穿越迷雾的灯塔。通过理解脑科学背后的机制，运用情绪调节、营养调理、运动舒压与社交支持等策略，父母就能帮助孩子找到内心的平静，这样，无论人生的考场风浪多大，都能稳握舵盘，从容前行。

3.2　生活篇

3.2.1　孩子沉迷游戏、短视频，怎么办

我有一次和同事聊天，说起了她儿子，真是把她气坏了。

她查了儿子平板电脑的屏幕使用时间，发现游戏、短视频的使用时长每天都超过 5 个小时，难怪这段时间他的成绩严重下滑。

当天晚上，她感觉自己的怒气值达到了顶点，自然没给儿子好脸色看。一顿语言输出还不解气，甚至想用衣架狠狠打他一顿，但被老公拦住了。

教育学家卢梭曾经说："世界上最没用的 3 种教育方式，就是发脾气、讲道理和自我感动。"

大多数人都是第一次做父母，只会用本能教育孩子，的确容易犯这种错误。而且，说得越多，自己越容易变成一个情绪黑洞。可以说，在低水平的家庭教育里，最常见的问题就是掏心掏肺地给孩子讲道理。

不讲道理，那讲什么呢？

《正面管教：如何不惩罚、不娇纵地有效管教孩子》的作者简·尼尔森认为，父母不能一味地告诉孩子"你别做这个""别做那个"，而是应该教给孩子解决问题的方法。如果孩子能主动参与进来，为自己的问题找到解决的方法，那么他就会更容易产生参与感，在执行方案的时候，他的积极性也会更高。

这样说有些抽象，具体该怎么做呢？

01　育儿解题四要素

父母在教育孩子时应记住 4 个要素：相关、尊重、合理和有帮助。

第一个要素：相关。相关是指你提出的解决方案要和当前的事情强关联，不能因为孩子看平板电脑的时间久，就让孩子罚站或者扣减他的零用钱。毕竟，不相关的解决方案是没有意义的。那怎么让解决方案相关呢？后文会为你介绍。

第二个要素：尊重。尊重是有效沟通的前提，如果你一看到平板电脑的屏幕使用时间很长就暴跳如雷，就会立刻把孩子推到你的对立面。

第三个要素：合理。你和孩子商量出的解决方案一定要合情合理，是孩子能做到的。比如孩子明明要用平板电脑上网课，但你提出把平板电脑收起来不准孩子用，这明显缺少可操作性。

第四个要素：有帮助。解决方案要能解决具体的问题，否则就会沦为空谈，以后孩子对你的建议也会缺乏信心。

02　我的实践

事实上，类似的事情也曾发生在我儿子身上。当我和爱人发现儿子的平板电脑的屏幕使用时间过长后，我立刻劝住了情绪激动的爱人，心平气和地向儿子了解情况。

他告诉我，那天他原本打算在外公的房间使用电脑编程，但外公8点半还没起床，所以就想先用平板电脑看一会儿《球状闪电》的解说短视频，可刘慈欣写的内容配上博主的解读非常吸引人，要不是外婆提醒他要吃午饭了，他可能会一直看下去。

于是，我对他说："你这次遇到的问题并不是学习动力不足的问题，而是沉浸在一部好作品中无法自拔的问题。"

的确，好的内容会很吸引人，让人在专注时不觉他物。我又说："下次你遇到这种情况时，可以提前规划好自己的观看时间。比如知道 12 点要吃饭，那就从 11 点半开始看。这样在看了半小时后，自然就会被打断。"

儿子觉得可行，便欣然接受了我的建议。

所以，无论从过程还是结果来看。教育的真谛不在于对孩子厉声疾呼或滔滔说教，而在于从他们的实际情况出发，给予他们足够的尊重，用合理且有帮助的方式，引导他们学会驾驭自己的人生小船。父母要用成年人解决问题的方式，赋予孩子可以实操的罗盘，而非仅仅指出暗礁所在。

当父母能以"相关、尊重、合理、有帮助"为灯塔，携手孩子穿越情绪的风暴，共同绘制成长的地图，那么，家庭教育便跨越了低水平的泥沼，抵达了理解与合作的彼岸。

3.2.2　孩子总是赖床，怎么办

清晨的阳光透过窗帘的缝隙洒在房内。闹钟已响过数次，可床上的孩子仍蜷缩在被窝里，眼神迷离，对你的呼唤反应迟钝。你既无奈又感觉有些暴躁，恨不得一把掀开被子，逼迫他起床。甚至你都已经摸出手机，打算把孩子这副懒散的样子拍下来，发到家庭群，让其他人也看看。

但我劝你千万不要这样做，因为这样做不仅会显得父母没有边界感，而且不利于孩子改掉赖床的毛病，甚至还会引发家

庭内部矛盾。

那该怎么办呢？要解决孩子总是赖床的问题，我们需要先剖析赖床的本质。

01　赖床的本质

赖床，主要由 3 个原因造成。

第一，睡眠需求未得到满足。

孩子之所以对清晨的阳光无动于衷，很可能是由于夜间睡眠时间不足或睡眠质量欠佳。通常孩子的睡眠需求远超成人，良好的睡眠是孩子身心健康成长的关键。如果孩子睡得太晚，或夜间频繁醒来，或因过度兴奋而导致入睡困难，都可能导致孩子在早晨起床困难。

第二，心理抗拒。

孩子赖床还可能源于对即将开始一天生活的心理抗拒。如果你是孩子，起床后，等待你的是一整天繁重的课业、严格的管教或者不愉快的家庭氛围，那么温暖的床铺便可以成为你短暂逃避现实、寻求安全感的避风港。存在这种心理抗拒的可能性往往在孩子面露困倦、对父母的呼唤反应冷淡时最大。

第三，习惯养成与自主性缺失。

如果父母经常扮演唤醒者的角色，可能反映出家庭环境中存在过度干预，导致孩子缺乏自我管理、自我唤醒的能力。长期如此，孩子容易形成依赖他人的作息习惯，缺乏起床的内在动力。

02 调整策略，解决本质问题

确认了导致孩子赖床的主要因素后，父母就应该对症采取相应的策略。

首先，调整并保障优质睡眠。

如果确实是睡眠方面的生理需求未得到满足导致的赖床，你可以和孩子一起商讨并设定固定的睡觉和起床时间。你可以和孩子说："宝贝，你愿意每天 21 点睡觉，6 点起床；还是 21 点半睡觉，6 点半起床呢？"此外，哪怕是在周末和假期，也最好能保持相对固定的作息，避免因大幅改变生物钟引发的睡眠困扰。

另外，优化睡眠环境也很重要。为孩子营造安静、黑暗、温度和湿度适宜的睡眠环境，减少外界干扰。同时限制睡前使用电子设备的时间，鼓励阅读、听舒缓音乐等，有助于身心放松，提升睡眠质量。

其次，营造起床动机与氛围。

赋予起床的意义很关键。你可以和孩子共同规划有趣的晨间活动，比如一起做亲子早餐、餐前去户外运动半小时，或周末起床后一起看半小时的纪录片等，都可以让起床这件事变得值得期待。

此外，要减轻孩子的学业压力。不要过度压榨孩子的休息时间，也不要把周末安排得密不透风，注意张弛有度。

最后，也是很重要的一点，培养孩子自己管理自己的意识和能力。

你可以教导孩子自己使用闹钟做自我唤醒，在此过程中，逐步把唤醒责任从你的身上转移到孩子身上。初期，你可以提醒孩子设定多个声音柔和的闹铃，然后逐步过渡到设定单个闹铃，帮助孩子建立自我唤醒的习惯。

你同样可以邀请孩子共同参与制订家庭作息规则，明确每个人起床、洗漱、用餐等各环节的时间安排。让孩子感受到自己是规则的参与者而不是规则的被动接受者，这可以大大提高他遵守规则的积极性。

在面对孩子清晨慵懒的小小身影时，切勿让一时的情绪冲动替代理智的教育行为。

赖床只是一种表象，它的背后潜藏着孩子对生理需求的呼唤、心理压力的流露和自主能力的待唤醒。明智的家长会深究其根源，以理解代替责备、以引导代替强迫，用科学的方法帮助孩子调整作息，营造积极氛围，激发孩子的内在动力，让孩子在每一个明媚的早晨，带着饱满的精神与对生活的热爱，主动拨开梦境的纱帘，迎接新一天的阳光。

须知，真正的唤醒，始于尊重与理解，成于引导与培养，终于孩子内心的力量觉醒，自主推开那扇通向崭新一天的大门。

3.2.3 孩子不爱锻炼、体质差，怎么办

你的孩子爱锻炼吗？如果孩子不爱锻炼，你会担心他体质差、长不高吗？如果你讲了很多道理，孩子依然不肯锻炼，除了发火、强制其锻炼，你还有什么办法？

01　孩子不爱锻炼的本质

简单来讲，孩子不爱锻炼主要有四大原因。

原因 1：认知误区。孩子可能尚未充分认识到运动对于身心健康、学习的重要性，而更倾向于沉浸在电子产品带来的即时快感中，忽视了运动的长远益处。

原因 2：兴趣缺乏。兴趣是最好的老师，若孩子对某项运动缺乏兴趣，自然难以主动参与。这可能源于对运动形式感到陌生、缺乏有趣的入门途径，或是未能找到符合自身个性喜好的运动。

原因 3：心理抵触。父母过度的强迫往往会引发孩子的逆反心理，使他将运动视为负担而非乐趣。缺乏自主选择和掌控感，会削弱孩子参与运动的积极性。

原因 4：习惯缺失。如果没有养成规律运动的习惯，孩子就容易受惰性驱使，忽视锻炼。孩子缺乏固定的运动时间和项目，就难以使运动成为日常生活的一部分。

02　让孩子动起来的四大策略

找到了根本原因后，让孩子动起来其实并不困难。具体来说，父母可以从以下 4 个方面入手，循序渐进地引导孩子踏上运动之旅。

策略 1：知识启蒙，唤醒运动意识

父母可以充分利用故事、动画、科普视频等形式，向孩子直观展示运动对大脑发育、情绪调节、身高增长的积极作用，纠正孩子对运动的认知误区，增强孩子内在的运动意愿。比如讲述《运动改造大脑》中的实验案例，让孩子理解运动如同为大脑"扩容"，能提升记忆力，帮助他们在学习中更游刃有余；同时，与孩子一起观看相关短视频，领略运动过程中"快乐激素"的神奇魔力，让孩子知晓运动其实是释放压力、收获快乐的有效途径。

策略 2：兴趣引领，点燃运动热情

一个很有效的办法是和孩子一起观看《足球小子》《灌篮高手》这类以运动为主题的动画，借助动画角色的魅力和故事，激发孩子对特定运动项目的兴趣。此外，共同观看体育赛事、专业运动员的精彩瞬间，也能让孩子感受运动的魅力。

还有一个办法是多多尝试，让孩子体验各种运动，比如足球、篮球、羽毛球、游泳、舞蹈等，帮助他找到最感兴趣的项目。在体验过程中，父母应鼓励孩子与同龄人互动，共享运动的乐趣，这也能增强孩子的团队归属感。

策略3：赋权选择，增强运动掌控感

首先，父母可以让孩子自主设定每天的运动目标。在初期一定要引导孩子设定易于达成的小目标，比如每天跳绳50下、慢跑10分钟等，让孩子在轻松完成任务中建立自信，逐步适应运动节奏。随着孩子的体能提升，再引导孩子适度调整目标，确保目标既有挑战性，又不过于苛刻。

其次，自主选择依然是关键。在可行范围内，父母应让孩子参与到运动计划的制订中。例如，周末安排户外活动时，提供徒步、骑行、打羽毛球、打乒乓球等多个选项，让孩子根据个人喜好做出选择。父母要赋予孩子决策权，让孩子感受到运动是自己的主动选择，而非被迫接受的任务。

策略4："3个固定"

"3个固定"是指在固定的时间、固定的地点、做固定的运动。 具体来说，父母可以将运动纳入日常生活，设定固定的运动时段，比如放学后的亲子运动时光、周末的家庭户外活动日等。确保运动成为孩子生活的一种常态，如同吃饭、睡觉一样不可或缺；同时，选定孩子感兴趣的运动项目作为重点，将其设定为特定时间的必做项目，如每周六下午固定打篮球、每

天晚餐后全家一起散步。践行"3 个固定"，能让孩子形成稳定的运动习惯，享受运动带来的身心愉悦。

孩子不爱锻炼、体质差，并非无解的难题。通过知识启蒙、唤醒运动意识，兴趣引领、点燃热情，赋权选择增强运动掌控感，践行"3 个固定"，父母能引导孩子跨越运动的门槛，踏上体质提升之旅，让运动成为孩子生活的一部分，让孩子在挥洒汗水、享受运动乐趣的同时，收获健康的身体、积极的心态与宝贵的生活技能，为未来的成长注入无限活力。

3.2.4　孩子不愿意做家务，怎么办

晚餐后，你在收拾餐桌，爱人在洗碗，你想让孩子去倒个垃圾，可孩子一动不动；周末下午，洗衣机完成了既定程序，你正忙着处理手机上的紧急消息，想让孩子去把洗干净的衣

服从洗衣机里拿出来放到阳台上，等你去晾晒，可孩子却以做功课为由拒绝了你的请求。

孩子不愿参与家务，这似乎是一个十分普遍的问题。但是，哈佛大学的一份调研显示：相较于那些回避家务劳动的孩子，热爱参与家务的孩子未来面临的就业机会是前者的 15 倍；而涉及犯罪的比例仅仅为前者的 1/10。

在国内，相似的研究结果同样引人注目。中国教育科学研究院在对 2 万个家庭的深入研究中指出，相比那些秉持"学习成绩至上，家务可有可无"理念的家庭，那些认为"孩子应当分担家务"的家庭，其子女学业优异的比例高出前者 26 倍。

诺贝尔物理学奖获得者朱棣文也曾说过：**"很难想象那些只会念书，连煎蛋、煮蛋都不会的孩子，会懂得怎么做实验。"**

所以，以学习为由逃避劳动，孩子终将变得好逸恶劳；通过沟通让孩子参与家务，孩子则更容易成为更好的自己。

想要让孩子参与家务，同样也不能靠情绪爆发，关键还得靠 1 个心法和 2 个技法。

01 1 个心法：容错心

首先，父母需要跨越自身的心理障碍，拥有一颗容错心，接受孩子在尝试过程中的失误。只有宽容以待，孩子的家务参与热情方能持续高涨。

举例而言，我的儿子在 6 岁时初次尝试洗碗，因身高不足，需借助小凳子才能够触及水槽。不幸的是，在他小心翼翼捧着碗碟正要离开凳子时，不慎绊倒，导致碗碟碎裂一地。

彼时我正在餐厅内观察其举动，面对这一突发情况，他并未哭泣，而是用探询的目光望向我，似乎在等待我的反应。我立刻以轻松的口吻安慰他："碎碎平安，没事的。"同时迅速取来清扫工具清理碗碟碎片，以防他因好奇触碰而受伤。

实际上，父母在此刻的第一反应至关重要。任何惊慌、焦虑的表现，甚至是对孩子加以责备，都可能在孩子心中埋下负面情绪的种子，就像我在《了不起的自驱力：唤醒孩子的学习源动力》里讲过的波利亚罐模型，一旦孩子在做家务时遭遇负向反馈，他就仿佛摸了一颗黑球，未来面对家务时便可能心生畏惧或排斥。

反之，如果父母能够表现出对错误的接纳态度，具备容忍错误的胸怀，即便发生了意外，孩子的心灵也不会受到重击。

02 2个技法

第一个技法，是家长示弱。示弱能让孩子主动帮家长分担家务。

举个例子，每个星期日的晚上，我和爱人会进行一次彻底的大扫除，想以崭新的面貌迎接下周的到来。考虑到家中是复式结构，清洁区域相对广阔，我便对儿子说："宝贝，家里的房间实在不少，爸爸妈妈有些力不从心呢。你愿意加入我们的清洁小队，在一楼、二楼和三楼中挑一层打扫吗？"

　　儿子略微思索后，欣然挑选了打扫二楼的任务。自此之后，每到星期日的大扫除，无须我们多言，他便会主动参与到家务活动中。每当他清扫出一堆尘埃和垃圾，总会兴奋地呼唤我们去验收他的劳动成果，那份由衷的自豪感和成就感溢于言表。

　　第二个技法，是让"小鬼"当家，即在家务中让孩子当指挥官，指挥家长干活。

　　我家有一间阁楼，它常常成为临时堆放闲置物品的地方，每当大家懒得即时整理，阁楼便会变成一个杂乱无章的储藏室。因此，每遇劳动节或国庆节，我家便会开展一次阁楼大清理行动。

阁楼清理工作繁重，上下搬运极为耗力。为增进家庭成员间的协同合作，并借机锻炼儿子的领导才能，我赋予他指挥官的重任，让他负责调度：决定谁从阁楼内搬运物品至门口，谁在楼梯间接力将物品传递至三楼，以及谁最终在三楼将这些杂物归整打包。这一安排，既考验了他的组织能力，也为家庭合作增添了乐趣。

自从儿子担任指挥官，他对清理阁楼的热情空前高涨，以至于每次假期刚过，他便迫不及待地提议再次开展这项特殊行动。他不仅积极扮演好指挥官的角色，亲自参与到劳动之中，挥汗如雨；还细心周到，考虑到每个人的安全，特别为时常在阁楼里弯腰搬运的我准备了防护装备——一顶塑料帽，以防我的脑袋不小心撞上倾斜的天花板。

家庭教育的艺术不在于强硬地命令，而在于智慧地引导与充满温情地理解。

若父母以一颗包容的心为土壤，以智慧的技法为雨露，孩子这棵幼苗定能在家务活动中茁壮成长，学会承担责任，获得成就感，最终绽放出独立与感恩的花朵。

3.2.5 孩子生活自理能力差，过度依赖父母，怎么办

你家孩子起床时，如果是自己穿衣服，需要多长时间？不少妈妈一聊到这个话题就很无奈，因为原本穿一件衣服只需要 5 ～ 10 秒，她家孩子却需要 5 ～ 10 分钟。

这样的案例并非个例，这反映出一个问题：孩子生活自理能力差，过度依赖父母。这个问题又应该如何解决呢？

01 监管型与侍者型父母

事实上，孩子过度依赖父母的主要原因就在于父母常在无形中饰演了监管型或侍者型的角色。

监管型父母倾向于将孩子置于全天候的关注之下，渴望洞察孩子行为的每一个细微之处。尤其在悠长的寒暑假期里，他们甚至通过安装摄像头的方式，远程编织一张监控网，只为随时掌握孩子动态，使他们即便身处职场也能监控家庭情境。

　　侍者型父母则展现出另一种极端状态，他们预设了孩子成长道路上的所有细节，心甘情愿地做出巨大牺牲。我曾见过这样的例子：为了缩短孩子上学的通勤距离，一位妈妈毅然决然地在学校附近租住条件简陋的住所，牺牲了自己的职业生涯，全身心投入料理孩子的生活琐碎之中。

　　这两种极端的养育模式各有其弊端。监管型父母的严密看管往往使孩子感到被囚禁，长期的压抑心理可能给孩子种下叛逆的种子；而侍者型父母的过分溺爱让孩子在学习之外无须担责，孩子的生活自理能力逐渐退化，孩子最终可能成为无法独立生活的"温室花朵"。

正因如此，越来越多的父母开始觉醒，选择转换角色，成为孩子的"顾问式父母"。

02　顾问式父母

什么是顾问式父母？顾问式父母既不是常常发号施令、处处监控孩子的监管者，也不是事无巨细地帮孩子安排生活事务的侍者。他们懂得放手和如何放手，充当为孩子提供指导和咨询的角色。

有一句老话说得好：**人教人，教不会；事教人，一次就好**。当孩子面对具体的困境时撞到南墙，吃了亏。此时，正是顾问式父母出场并给予指导的时机。

顾问式父母需要具备下面 3 种心态。

第一种心态，坦然接受孩子的拒绝。这意味着父母需要降低内心的期望值，这就如同把刚刚浸在热水中的手放进一盆温水中，我们会觉得这盆温水是凉的。而如果我们抱着低期待，坦然接受孩子的拒绝，就相当于把浸在冷水里的手放进一盆温水中，我们会觉得这盆温水是热的。当父母能够平静地接受孩子在成长初期的抗拒与失误时，便能更加自如地放手，让生活成为孩子最好的老师。

第二种心态，让孩子自己承担后果。"年少无知不懂事，懂时已是当事人。"无论是我们还是孩子，绝大多数的成长和觉醒，都是在一次次感受到"痛"之后实现的。当你能有意识地让孩子自己去承担后果，在孩子尚小时，就能让他在一件件较小的事情上"痛醒"，他将来才不至于在更大的事情上吃亏。小挫折是成长的"疫苗"，可以帮助孩子抵御未来的大风大浪。父母应逐步引导，从生活小事做起，让孩子在可承受的风险中觉醒，从而在未来的人生道路中更加稳健地前进。

第三种心态，相信孩子能做好，接受孩子做不好。信任，能使人产生强烈的责任感和自信心。来自父母的信任，更能增加孩子探索世界的勇气，让孩子在遇到困难时也能保持平常心。心理学家阿德勒说："有的人用童年治愈一生，有的人则用一生治愈童年。"相信孩子能做好的顾问式父母，显然正在让孩子拥有一个能治愈一生的童年。

那万一孩子做不好怎么办？

做不好，是这个世界的常态，成年人都有很多事情做不

好，更何况孩子。孩子做不好，父母应该帮孩子分析原因并提出建议，在孩子需要自己的时候，用自己的经验为孩子指路。父母只有接受孩子做不好，孩子才能在他跌倒的地方爬起来，反思后采取下一次行动，设法得到更好的结果。

集这 3 种心态于一身，父母便能创造出心理学家温尼科特所提出的"抱持性环境"，为孩子营造一个既安全又充满信任的成长空间，成为孩子心中那位稳重可靠的向导。在育儿旅程中，父母与孩子共同成长，一步步成为更加完整与丰满的自我。

3.2.6　孩子缺乏时间观念，经常拖延，怎么办

孩子的拖延是让很多父母最头疼的问题之一，比如：

刷个牙，能在卫生间待 15 分钟；离出门只有 5 分钟了，还像个没事人一样，慢慢悠悠；问他什么时候可以完成任务，他总是说"等一等""快了快了"。

到底如何解决孩子的拖延问题呢？要解决这个问题，我们需要理解孩子拖延的本质，只有从本质出发，才能找到有针对性的策略。

01　孩子拖延的本质

本质 1：生理因素。

由于孩子的大脑前额叶皮质还未发育成熟，而前额叶皮质又主要负责注意力、与理性相关的计划、控制和执行。因此，作为父母，我们需要对孩子有更多的理解，降低对孩子克服拖延的期待。

本质 2：心理因素。

心理因素虽然比较复杂，但我们仍然可以把拖延心理分为 4 个类别：**懒惰、抗拒、畏难以及拖延有好处。**下面就分门别类地展开讲解。

懒惰，并不是真懒，而是做事情的动力不足。比如成年人早上起床时可能会因为懒惰情绪想要多睡一会儿，有时候一睡就睡过了头。但假如你明天一大早要赶飞机，你就会发现，懒惰的情绪不见了，闹钟只要一响，你会瞬间起床，生怕错过飞机。

抗拒，是因为感受不到掌控感。强势父母的唠叨、频繁指手画脚，会导致孩子由于缺乏掌控感而产生抗拒心理，继而在行动上出现拖延。

畏难，其实是逃避。比如知名诗人、作家蒋勋曾经分享过他治疗牙齿的经历。他说他一直很害怕看牙，相信很多人都有类似的恐惧，更有人因为这种害怕把看牙的日程一拖再拖。但是，蒋勋在治疗牙齿时，有一位牙医和他说："刚才那一下是治疗过程中最疼的，接下来就不会出现更疼的情况了。"听到这句话，蒋勋就仿佛吃了一颗定心丸，后面治疗的过程也无比顺畅。

拖延有好处，这就更显而易见了。比如很多父母见不得孩子有空闲时间，哪怕学校里的作业都已完成，很多父母还会布置额外的作业。这就让孩子形成了一种观念：效率高一点好处也没有，还不如慢慢腾腾的，任务量还能少一些，还可以轻松一点。

02　对抗拖延的策略

现在，我们已经厘清了孩子拖延的本质，接下来，就可以有针对性地构建策略了。

针对生理因素，既然我们已经理解了孩子的前额叶皮质没有发育完全，注意力和理性不足。那么，**我们就可以选择让孩子在精力旺盛的时候，先去做重要且容易被孩子拖延的事情了**。

比如，假设孩子数学好但英语差，尤其是一背单词就犯难。那么在孩子精力相对旺盛时，我们就可以引导他优先背单词。当然，每个孩子的精力旺盛期不同，有些孩子的精力旺盛期是早上刚起床后的一段时间，有些孩子的精力旺盛期则是晚饭过后。我们可以根据孩子的特点进行安排。

针对心理因素，我们可以根据不同的拖延心理，创造有利于行动的外部条件，做出不同的改变。

面对孩子因动力缺失导致的拖延，可从其他角度激发其积极性。以我的孩子为例，他以前书写凌乱，对练字兴趣索然，一再拖延练字。通过细致观察，我留意到孩子在周末午餐时热衷于用我的手机收听《明朝那些事儿》《混子曰：中国少年史》等历史音频节目，这成为激励他的新契机。于是，我就和儿子商量："如果你每周六、周日下午，都愿意花半小时来练字，我就可以让你在练字的时候听这些内容。"结果他的动力瞬间就被激发了。

面对孩子对任务的抵触，解决策略同样直截了当。我与孩子一同在 Excel 中列明他当天需要完成的各项任务，并请他估算每项任务的耗时。随后，我赋予他自主权，由他决定完成任务的先后顺序。这一过程让孩子感受到自主控制的力量，当他主导自己的计划时，完成任务的积极性显著提升了。所以，让选择权归于孩子，不仅解决了抗拒问题，还激发了他的内在动力和责任感。

面对畏难，如何智慧化解？ 孩子的畏难多源自心理障碍，并非任务真的很难。解决之道在于设定小目标，促其行动。比如，跳绳益处多，如果规定每日跳 100 个，可能让孩子生畏，但如果改为每日跳 2 个，孩子真的会只跳 2 个吗？偶尔会，这说明他当天真的很累。但在更多时候，在完成 2 个跳绳后，孩子会完成更多数量的跳绳。而且由于每天都跳，养成了习惯，哪天不跳绳他反而会觉得不舒服！

要纠正拖延有好处的观念， 核心在于父母要调整自己的心态。父母应摒弃"空闲即浪费"的观念，转而让孩子亲历"及时行动，收获更多"的正面激励。具体而言，当孩子在既定时间内高效完成任务后，余下的时间完全由其自主安排，这会让"拖延无益，效率为先"的理念深入孩子的内心，拖延有好处的观念便不复存在，孩子的时间管理与自我激励能力才能有效提升。

在对抗孩子拖延的征途中，父母应如匠人雕琢璞玉般理解其心、善用其力。事实上，每个孩子都是潜力无限的宝藏，他们的"慢"不是成长路上的绊脚石，而是磨砺心智的试金石。让我们以耐心为引，引导孩子跨越拖延的沼泽，步入自律与高效的光明坦途。

最终，我们会发现，那些曾令我们头疼的拖延时刻，不过是孩子成长乐章中和谐的休止符，而爱与智慧正是指挥棒，能引领孩子奏出属于自己的精彩乐章。

3.2.7　孩子犯错时，不知如何有效纠正，怎么办

在育儿过程中，孩子犯错总是不可避免的，比如：把房间弄得一团乱；做作业严重超时；在外面疯玩，不与父母沟通，很晚才回家，让父母担心得无法休息。

面对这些情况，很多父母常常会陷入两难境地：既希望孩子认识到错误，又担忧惩罚方式不当会对孩子产生负面影响。

那么我们是否有替代惩罚的策略，来有效引导孩子认识并改正错误呢？下面将介绍 5 个行之有效的策略。

01　策略 1：理解并表达感受

当孩子犯错时，父母往往会很快变得情绪化，这和父母缺乏有效的策略有关。父母需要先缓和情绪，然后以平静、尊重

的态度向孩子表达自己的感受。比如："看到客厅被弄得这么乱，我觉得很失望，因为我们约定过，玩完玩具要收拾好。"这种方式既让孩子明白他的行为会对别人产生影响，又避免了直接指责造成的冲突，为后续的教育铺平了道路。

02　策略 2：阐述期望与孩子的行为之间的差距

父母明确指出孩子的行为与自己的期望之间的差距，有助于孩子理解他们到底犯了什么错。比如："你答应过每天晚上 9 点前完成作业，但现在已经 10 点了，你的作业还没做完。"陈述事实而非评价，可以让孩子清楚地看到自己的行为与规则或承诺的不符之处。

03　策略 3：提出解决问题的邀请

替代惩罚的关键在于引导孩子参与解决问题。我们可以询问孩子："现在你的作业没完成，你觉得应该怎么办呢？"或者提供一些选择："你可以选择现在抓紧时间完成，或者明天早起完成，你觉得哪个更合适？"让孩子在思考和决策中学会对自己的行为负责。

04 策略4：使用"达成合作的4个步骤"

例如，当孩子在外面疯玩，不与父母沟通，很晚才回家的场景中，父母可以通过以下4步，来达成和孩子的合作。

第一步：表达出对孩子感受的理解。"看起来你今天在公园玩得很开心，所以不想那么早回家"。

第二步：表达出对孩子的同情，但不宽恕其不良行为。"我能理解你还想多玩一会儿，但是你晚于我们约定的时间回家，这让我很担心"。

第三步：告诉孩子你的感受。"你知道吗？当我找不到你的时候，我真的很害怕，怕你迷路或者遇到危险"。

第四步：让孩子关注于解决问题。 "以后在外面玩的时候，你觉得可以怎么做，既能让自己玩得尽兴，又能让我知道你是安全的呢"？

通过以上 4 步，孩子会自己动脑筋设想解决方案，不仅比父母的唠叨有效，而且还能降低孩子的反感程度。

05　策略 5：给予鼓励与支持

当孩子提出解决方案并开始改正行为时，父母要及时给予鼓励与支持，肯定孩子的努力和进步。比如，周日早晨看到孩子在主动打扫前一天晚上吃瓜子留下的一地瓜子壳时，可以说："看到你主动打扫客厅，妈妈真为你骄傲。你这样做，既遵守了我们上次的约定，也让家里变得更整洁了。"正向反馈能激发孩子的内在动力，促使他们持续改进。

在育儿这场马拉松中，父母不仅是裁判，更是引路人。面对挑战，与其急于吹响哨子，不如教会孩子如何在人生的跑道上稳步前行。

通过这 5 个策略，我们不仅纠正了孩子的错误行为，更在孩子心中种下了理解、责任与成长的种子。最终，当那些曾经令人头疼的错误行为逐渐被自律和理解所取代时，我们会发现，我们收获的不仅仅是一个听话的孩子，还有父母与孩子之间那份无可替代的默契与信任。而这，正是教育的璀璨果实——爱，它让孩子在理解中成长，在成长中绽放。

3.2.8 孩子不注意个人卫生，习惯不好，怎么办

假如，在一个周日的午后，孩子坐在书桌旁专注地画画，阳光透过窗户洒在他的肩上，显得格外温馨。但你走近一看，他的指甲缝里藏着黑色的泥垢，脸颊上的几个痘痘在阳光下尤为明显，那是长时间不愿意洗脸所导致的。看到这一幕，你会不会心中五味杂陈？你已经三番五次让他注意个人卫生了，但好像一点用都没有。此时，到底该怎么办呢？

01 孩子不注意个人卫生的本质

孩子为什么不注意个人卫生，他的习惯为什么不好？主要有 3 个原因。

第一，从脑科学角度看，儿童与青少年正处于大脑发育的关键期，特别是前额叶皮质这一区域负责决策、计划和自我控制能力的发展。如果孩子在该阶段没有养成良好的卫生习惯，很大可能是因为前额叶皮质还未完全发育成熟，导致孩子对长远后果的认知不足，难以自我驱动，维持良好的卫生习惯。

第二，从行为强化与习惯形成的角度看，美国心理学家B.F. 斯金纳提出的操作条件作用理论指出，行为会因后果而得到强化。如果孩子忽略个人卫生，但是没有立即面临负面后果（如生病），或者保持良好卫生习惯，但是没有获得即时的正向反馈（如表扬、自我感觉良好），那么不良习惯就容易固化下来。

第三，从情绪与自我效能感的角度看，孩子可能对清洁过程感到厌烦或觉得不舒服，比如曾经在洗脸时，水进入过鼻孔，之后就不喜欢洗脸了。这些负面情绪反应会阻碍好习惯的养成。此外，低自尊或自我效能感不足的孩子可能认为即使努力保持个人卫生也无法达到期望的健康水平，从而放弃尝试。

02 3个策略帮助孩子养成好习惯

厘清了本质，父母就能有针对性地构建策略了。

策略1：直观式教育。既然孩子对长远后果认知不足，那就采用直观的教育材料，让他马上看到不讲卫生的危害。父母可以在短视频平台上找到许多关于"不洗手的危害"的高赞短视频。比如有些博主用显微镜观察手上的细菌，有些消化科医生会讲解"上厕所不洗手导致感染幽门螺杆菌"，等等。这种直观式教育比口头说教更有效。

策略 2：给予即时反馈。父母在培养孩子卫生习惯的窗口期，可以建立一套临时奖励机制，每当孩子自发完成一项卫生任务时，就给予孩子小奖励或正面肯定，比如贴纸、额外的自由时间等，以强化其良好行为。同时，引导孩子关注讲究个人卫生后的身体变化，比如皮肤变好、感觉清爽，以增强孩子保持卫生的内在动力。

策略 3：提供经验指导。针对孩子在进行清洁时产生的不舒适感，父母可以把自己的生活经验分享给孩子。比如用水冲脸前，可以先吸一口气，然后一边用鼻孔缓慢呼气一边洗脸，用肺里呼出的空气形成一道"气墙"，以防止水进入鼻孔造成不适。如此一来，洗脸的过程就会变得轻松愉快，孩子的抗拒心理自然会减少。这只是举个例子，读者可以通过我在另一本书《降维沟通：成为社牛的说话之道》里讲到的挖掘式提问，来设法找到孩子不愿意进行个人清洁的具体原因。

　　培养孩子的每一个卫生习惯，就像是在他的生命画布上轻轻点染色彩。作为父母，让我们以理解为笔，以耐心为墨，在日常的琐碎中勾勒出孩子健康自信的模样。当爱化作一缕温暖的阳光，照亮孩子成长的道路时，即便是在最不起眼的指甲缝中，也会闪烁着良好习惯的光芒。终有一日，我们会发现，那些曾让我们五味杂陈的瞬间，已经悄然成为孩子人生中最宝贵的篇章。

3.3 心理篇

3.3.1 孩子情绪波动大，易哭易怒，怎么办

你的孩子会不会动辄就叫苦、发脾气？你的孩子是否曾经把自己锁在房门里，不让你进来？有些父母说，一开始，孩子情绪爆发的时候，自己和爱人还会对孩子大声呵斥，但"硬刚"好像一点作用都没有；现在面对自己的孩子，居然还要看他的脸色行事，一直小心翼翼的，生怕起冲突。

于是这些父母产生了疑问：到底是自己这父母当得太失败，还是孩子真的进入了叛逆期？

01 易哭易怒的三大原因

我建议父母先别着急给孩子的情绪化扣上"叛逆期"的帽子。因为父母看到的孩子的情绪化是"果"，在其背后，必然存在父母没有意识到的"因"。

原因 1，过度管控。有这样一个案例，在小时候时，女孩的妈妈怕她感冒，总用很热的水给她洗澡。那种温度的热水虽不至于把皮肤烫伤，但大半个身体都要泡在热水里，她的确受不了。所以她不止一次和妈妈提出抗议，说这水太烫了。但她妈妈一次次地视若无睹，并且还说："这水一点也不烫啊，

洗洗就会凉掉的。"甚至有一次，她被烫得情绪崩溃，号啕大哭，但她妈妈也仅仅冷冷地回应："烫就兑些凉水，这有什么好哭的？"

我不知道你听完之后有什么感受？很多人看到这个故事都感同身受，因为孩子的力量有限，面对父母的过度管控，几乎没有反抗能力，就像案例里的情况一样，哪怕抗议了也毫无作用。况且，孩子年龄很小，很难用换位思考这种成年人的高级认知技巧去说服父母，所以唯有选择坏脾气、情绪化这一条路，才能设法和父母的过度管控做抗衡。

原因2，孩子没有安全感。孩子的社交圈是有限的，孩子的安全感大多源于父母。当孩子缺乏安全感时，往往会用情绪化的哭闹、发脾气来掩盖和缓解内心的不安。

在父母生气的时候，如果口无遮拦，说出"就当我没有你这个女儿"或者"我就应该在你还小的时候把你送给别人"这种话，就很可能会对孩子造成难以磨灭的影响。

《好妈妈胜过好老师：一个教育专家16年的教子手记》的作者、国内知名育儿专家尹建莉老师曾在某次节目里和主持人对话，主持人问尹老师："您的父母说过什么话，让您觉得对您的伤害最大？"尹老师回答说："我妈气急之下曾经说'我就当没养这个女儿，以后老了我也不指望你养，我自己过'。"之后，有人提议现场做一次调查，看看现场有多少观众听过父母说这样的话，让人意外的是，现场超过90%的观

众都表示有过类似经历。

　　原因 3，受到父母潜移默化的影响。每个子女都是父母的"复印件"。父母在家里怎么对话，孩子就会有样学样。父母若经常发脾气，表现出焦虑、不安或者压力情绪，孩子也会受到影响，变得更容易情绪化。

　　因为孩子会学习父母的情绪表达方式，所以在他自己的情绪表达中，就会明显表现出和父母类似的特点。孩子的模仿能力极强，若父母经常在孩子面前大声争吵或互相责备，孩子看多了之后，自然而然就会有样学样，也用这种充满暴躁和攻击性的负面方式来表达情绪。

02　父母的沟通策略

理解了孩子情绪化背后的原因，作为父母，从短期和长期出发，我们分别可以做下面两件事。

短期：接住坏情绪，先处理情绪，再处理问题。

刺激和回应之间存在一段距离，幸福与成长的关键就在这里。

由于孩子的情绪化是多种因素长期作用的结果，我们不可能短期内就让孩子的坏脾气发生180°大转变，所以，与其和孩子的情绪化问题"硬刚"，不如学会如何接住坏情绪，先处理情绪，再处理问题。

当孩子再次爆发出负面情绪时，我们可以先按捺住自己的第一反应，选择使用共情的方式，代替孩子把他的情绪描述出来。

比如我们可以说："宝贝，我注意到你生气了，你能说说是什么原因吗？"这里的"我注意到你生气了"，就是一种共情，当孩子被我们共情后，他会觉得我们懂他，认为我们做好了倾听他的心声的准备。因此，他就更有可能把他产生负面情绪的真实原因告诉我们。

如果孩子的情绪特别激动，用普通共情的方式仍然无法接住他的坏情绪，怎么办？这种时候，比起讲道理，给孩子一个拥抱更有用。因为家人之间的拥抱能让彼此产生催产素，而催产素是一种传达爱的激素，它能帮助我们接住孩子的坏情绪，并帮孩子缓解压力，让孩子更容易从激动中平静下来。

长期：向内求，用自己的改变带动孩子的变化。

根据前面的分析，父母是造成孩子情绪化的根本原因，所以，作为更成熟理性的父母，我们需要向内求，针对 3 个方面进行改善。

针对过度管控。我们需要在下意识地想对孩子实施控制的场景中，有意识地提醒自己换位思考，想想如果自己是孩子，遭受 "你妈觉得水不烫" "你妈觉得你冷" "你妈觉得你不累" 时，会是怎样的感受，从而减少自己的控制欲。

针对孩子没有安全感。有一句话叫作：用三年学会说话，用一生学会闭嘴。我们应该意识到自己和爱人占据了孩子大部分的社交时间，我们说的话的分量在孩子心中很重。因此，在即将说出伤害孩子的话之前，可以先想一想，尽可能地学会闭嘴，能不说负面的话就不说。毕竟，"良言一句三冬暖，恶语伤人六月寒。"无论对外人，还是对孩子，都是一样的。

针对孩子受到父母潜移默化的影响。我们也可以选择在和家里其他成员沟通时 "表达情绪，而不是情绪化地表达"，比如通过倾听、说事实、讲感受、说诉求这4个步骤，来和家人沟通。当然，如果无法立即做到这一点，至少应该降低发脾气的频次，或者至少避免在孩子能看到、听见的地方发生争吵。

每个孩子都是一块待雕琢的璞玉，孩子的泪水与怒火不过是内心世界未被听见的语言。不要急于给他们贴上"叛逆"的标签，因为真正的挑战往往隐藏在理解与引导中。父母最终能帮助孩子获得的，不仅仅是知识，还有觉醒了的情绪智慧，以及那份"即使世界以痛吻我，我仍报之以歌"的坚韧与温柔。

3.3.2 孩子内向"社恐"，怎么办

请想象这样一个场景。

在热闹的校园运动会现场，孩子独自坐在观众席的一角，眼神游离于人群与赛场之间。尽管周围同学们的欢笑声、加油声此起彼伏，他却显得有些局促不安。每当有人试图与他交谈或是邀请他参与活动，他都会下意识地避开对方的眼神，微微摇头，或是以简短的话语婉拒。

如果这是你的孩子，你会作何感想？是和他说"要多和小伙伴交朋友"，还是和他讲"以后进入社会，社交能力很

重要！"

单纯强调社交的重要性没用！事实上，内向 "社恐"的人并不是不喜欢社交场合，只是他的习惯和性格让他在这样的场合下倍感压力，难以融入集体的欢乐氛围。你在以上思想实验中所了解到的景象，正是许多内向且伴有"社恐"倾向的孩子所共有的挑战。

01 内向"社恐"的本质

外向也好，内向也罢，都是人的性格倾向。只是内向的人更倾向于内省、独处，在社交互动中也更容易感到能量消耗。

内向并不等同于社交能力差或存在心理问题，而是个体在获取能量和处理信息时的一种独特方式。然而，当内向伴随着强烈的社交焦虑，即对社交情境产生过度担忧、害怕被评价，甚至出现回避行为时，就可能发展为社交恐惧（简称"社恐"）症。"社恐"的本质主要体现在以下几个方面。

第一，负面自我认知。孩子可能持有消极的自我观念，认为自己不善言辞、不受欢迎，担心在社交中出错或被他人嘲笑，这种自我贬低的认知会加剧孩子对社交的恐惧。

第二， 对社交反馈过度敏感。"社恐"的孩子往往对他人的表情、言语、态度等社交信号极其敏感，容易误解或夸大负向反馈，使其在社交场合过度警惕并倾向于回避。

第三，缺乏有效的社交应对策略。由于长期回避社交，孩子可能没有机会学习和掌握适应性社交技巧，缺乏应对各种社交挑战的自信，这就在一定程度上加重了孩子的"社恐"症状。

02 3个策略助力内向"社恐"的孩子适应社交

很显然，面对孩子内向"社恐"的问题，父母肯定很着急，但着急、担心甚至焦虑完全帮不上忙，反而会让敏感内向的孩子对自己的评价更低。那该怎么办？学会科学地支持和干预，你就能真正帮助到你的孩子。

首先，接纳与理解。你要对孩子的内向性格予以接纳，认识到这是个体差异的表现，而非缺陷。你也要理解孩子在社交场合感受到的压力，避免强迫他改变或过度批评他，为他营造一个无压力、充满爱的环境。比如你可以对孩子说："你爸爸也是个内向的人，这是很正常的，这也不阻碍你爸爸在单位里成为骨干。"在此过程中，你还可以鼓励他发掘自身作为内向者的优点，比如观察力强、善于倾听、思维敏锐等，并强调这些特质在社交中的价值。

其次，采用逐步暴露与脱敏训练法。如果孩子内向"社恐"的情况已经严重影响到生活和学习，你可以在专业人士的指导下，设计由易到难的社交情境，让孩子逐步面对并适应这些情境。比如让孩子先从与亲近的人一对一交流开始，再过渡到小组讨论，最后尝试在更大的群体中发言。每次成功后，要给予孩子及时的正向反馈，以强化他的积极改变，逐渐削弱社交情境与恐惧反应之间的关联。

最后，可以让孩子适当地进行一些社交技能训练。基本的社交技能包括眼神接触、微笑、倾听、表达感受、提出请求等，模拟训练可以增强孩子应用这些社交技能的能力。同时，你也可以告诉孩子如何解读社交信号，正确评估他人反馈，减少误解与过度反应。比如孩子和同学说话时，会因为同学没有理睬他而觉得很受伤，但其实很可能是那位同学没有听见而已。

孩子内向"社恐"的问题需要我们从理解其本质出发，通过接纳个体差异、重塑正面自我认知、逐步暴露脱敏、进行社交技能训练等多元化的策略进行干预和支持。每一个内向的孩子都是一颗独特的种子，只需给予适宜的土壤、阳光和关爱，内向"社恐"的孩子也能在属于他们的社交花园中绽放独特的光彩。

3.3.3 孩子产生容貌焦虑，怎么办

请想象这样的场景。

孩子每天早晨都会站在镜子前仔细审视自己，对自己的容貌感到不满；当他注意到自己脸上长出了几个痘痘时，会郁闷半天；晚上饭也不吃几口，总抱怨自己"太胖"，还嚷嚷着要开始减肥；他甚至开始关注化妆品，对如何化妆、如何遮盖痘痘等表现出了浓厚的兴趣。

很多家长聊到"孩子产生容貌焦虑"的话题时往往或觉得好笑，或反应过度、烦躁易怒。可孩子产生容貌焦虑背后的根本原因究竟是什么呢？

01 孩子产生容貌焦虑的本质

首先，是时代的因素。 为什么你会感觉现在"孩子产生容貌焦虑"的现象要比你小时候更突出？不是因为这一代孩子真变丑了，而是随着 AI 时代的到来，社交媒体上充斥着经过精心挑选或修饰的美图，这客观上拉高了人们，尤其是孩子的审

美标准，使得孩子更容易将它们与真实的自己做比较，进而产生对自身容貌的不满。

其次，是错误的心理假设。孩子由于生活经验不足，文化水平不高，因此无法体会什么叫作"换位思考"。他会假设自己是世界的中心，他人都会很仔细地观察自己，进而会用苛刻的标准来审视自己的容貌。孩子的容貌焦虑正是在这种虚幻的假设下逐渐形成的。

最后，容貌焦虑的孩子往往自我效能感不足。我们都见过一些相貌平平，甚至并不符合我们审美观的模特。为什么他们气场强大，在 T 台上显得又飒又酷？因为他们有很强的自我效能感。当一个人有了足够的自我效能感之后，他的内心会更强大，他将不再为自己的容貌而焦虑。

所以，既然孩子的容貌焦虑问题的主要成因在心理层面，那么我们就可以通过心理上的策略来有针对性地解决该问题。

02　有针对性的策略

策略 1：开展审美教育。

从感性的方面，父母可以引导孩子，让他认识到，每个人都是独一无二的，美丽与否并没有统一的标准。比如唐代以胖为美，通过阅读、讨论等形式，父母可以引入多样化的美的概念，帮助孩子建立健康的自我形象。

从理性的方面，父母还可以告诉孩子，大众的颜值必然呈正态分布。颜值极高的人和颜值极低的人的占比仅为 5% ~ 10%，而剩下的 90% ~ 95%，都是颜值中等的人。既然大多数人的美丑程度都差不多，孩子也就没有必要为容貌而焦虑了。

策略 2：破解"聚光灯效应"。

孩子有一种错误的心理假设，即认为"人们都会仔细端详我的外貌"，这在心理学中被称为"聚光灯效应"，指个体不经意地把自己的问题放大。而要破解"聚光灯效应"，其实并不困难。父母只需在短视频平台上搜索"聚光灯效应实验"，邀请孩子一起观看，孩子就会认识到一个客观的事实：在这个世界上，除了父母和爱人之外，几乎没有什么人会过度在意自己，更不用说浪费时间仔细观察自己的容貌了。

策略 3：增强自我效能感。

父母可以鼓励孩子多参与体育运动、艺术创作、志愿服务等多样化的活动，让孩子在这些活动中发掘自己喜欢什么，然后把它们发展为自己的特长。如此一来，孩子就可以在非容貌领域获得自我效能感，继而摆脱容貌焦虑。

"不是美貌定义你，而是你赋予美貌新的意义。"真正的力量来源于内在的成长与自我价值的实现。通过审美教育的启迪、"聚光灯效应"的破除，以及自我效能感的培育，我们将织就一张温暖之网，守护每一个孩子。在成长的旅途中，愿每个孩子都能拥抱自己的独特，勇敢地活出自己的精彩，知晓在人生的画卷上，最美的风景永远是由心而发的光彩。

3.3.4　孩子缺乏自信，觉得自己不如别人，怎么办

某个小学生的一篇日记是这样写的：

今天老师问了个问题，就像往常一样，我心里"噔"一下，好像有只小兔子在蹦跶，因为我想到答案啦！可是，我的手却不听话，重得跟石头一样，抬不起来。就在我做内心斗争的时候，我的同桌"噌"地把手举得老高，答案从他嘴巴里"飞"了出来，大家都给他鼓掌，夸他真棒。我看着自己的手，心里有点酸溜溜的，像是吃了一颗没熟的柠檬。我在想，要是我勇敢一点，把手举起来，那个得到夸奖的可能就是我了……

　　是什么让这个小学生不敢举手，而他的同桌却能毫不犹豫地举手回答问题呢？答案是：自信。自信的孩子就像是装了小马达，心里有股 "我能行" 的劲儿，这让他们不怕犯错，敢于尝试；自信的孩子还会更有思考力，更能做出正确选择。

01　自信心是如何丧失的

　　那孩子的自信心是如何丧失的呢？通常有 3 种情况。

　　情况 1：父母采取打击式教育。忙碌的双职工父母因疲惫，很容易对孩子学习不佳反应激烈。看孩子写字写得歪歪扭扭，简单的英语背诵 1 个小时还完不成，父母就很容易爆发情绪，然后采用责备、比较等方式，企图激发孩子的学习动力，但往往适得其反，加重了孩子的自卑感，让孩子形成消极的自我认知。

情况 2：无效的家庭鼓励。常见的无效鼓励有"空洞鼓励"，比如"你能行""你真厉害""我家宝贝真乖"，父母虽意在激励，实则是在增压，会使孩子感觉达不到父母的期望；还有"否定式鼓励"，比如忽视孩子初学游泳时的恐惧，用"没什么好怕的"否定孩子的感受，加剧其焦虑，影响其学习积极性。

情况 3：误解"失败乃成功之母"。父母常用此话鼓励孩子，却忽视了孩子与成人承受力的差异。对孩子而言，频繁失败可能会导致他信心崩溃，从而放弃尝试，而非按父母所期待

的那样坚持下去。实际上，连续的小成功反而更能提升孩子的自信心并激发他进一步探索的欲望，这证明小成功是大成功的催化剂。

既然理解了自信心丧失的本质，那么如何提升孩子的自信心也就呼之欲出了。

02 提升孩子自信的策略

我曾在另一本书《了不起的自驱力：唤醒孩子的学习源动力》里讲过波利亚罐模型，这是一个简单实用的模型。

你可以想象一下，玻璃罐里一开始有一黑一白两颗球。孩子伸手从罐里摸球，只要摸到任意一种颜色的球，就要放回去相同颜色的球。比如摸到了一颗白球，就要放回两颗白球。

每当孩子做成某件事，他就相当于在波利亚罐中摸到了白球，此时罐子里就有两颗白球，一颗黑球。下一次摸球时，再次摸到白球的概率就会从 50% 提升到约 66%。当罐中的白球越多，孩子就会越自信。

与之相反，屡遭失败就相当于摸到了很多次黑球，黑球越来越多，孩子摸到白球的概率自然越来越小。

所以，从波利亚罐模型出发，要提升孩子的自信其实并不难，我们可以践行如下 3 个策略。

策略 1：让孩子从简单、擅长的事做起，积小胜为大胜。

简单擅长的事情更容易做成，孩子也就更容易摸到白球。比如我从小培养儿子的阅读习惯，一开始，我会给他看简单又很薄的绘本。每读完一本，我就告诉他，你又读完了一本书。儿子读完一本又一本绘本就相当于摸到了一颗又一颗白球，他对阅读这件事情就越有自信。于是，他会自己去找阅读难度更高的书来读。到目前为止，七年级的他，已经读完了《明朝那些事儿》《凡尔纳经典科幻全集》《三体》《兄弟》等 500 多本书了。

策略 2：写"成事日记"，让孩子体会看得见的成就感。

"成事日记"是一种可视的、让孩子体会成就感的方式。儿童理财书《小狗钱钱》中，就介绍了这种方法，父母可以引导孩子把每天做成的 3 件小事写下来。请别小看把每天做成之事写下来这一微小举动，因为只要将这些事写下来，这些事就可视化了。当孩子哪天突受打击，摸到黑球时，这本"成事日记"就是他重拾自信的凭仗，能让他意识到，自己有那么多成事经历，偶尔在一件事上失败也没有关系。

策略 3：善用鼓励三句式。

父母可以用沟通的方式，固化孩子的成事经历，夯实孩子的自信，这是一种让孩子做成更多事情的有效鼓励法。比起"加油，你可以的"等无效鼓励，有效鼓励通常出现在做成一件事情之后。因为做成一件事情本身是事实，而事实可以用来支撑鼓励的观点。

鼓励三句式第一式——"我看到"。你可以说："我看到你昨天写字写得特别整齐。"这句话对孩子写字整齐来说就是一种强化。

鼓励三句式第二式——"谢谢你"。你可以说："谢谢你今天帮我洗了碗。"孩子会感到他的劳动是有价值的，下次他主动帮你做家务的概率会大大提升。

鼓励三句式第三式——"我相信"。这是父母在充分了解孩子的水平后说的。你可以说："这道题目虽然有难度，但我相信凭你的能力一定是可以做出来的。"这句话用在孩子努力一下就可以实现的目标上再合适不过。

每个孩子的心灵都是一片待播种的沃土，自信则是闪耀的阳光，滋养着梦想的种子生根发芽。父母培养孩子的自信不仅是为了今日的小小胜利，更是为了孩子能够拥有照亮未来道路的明灯。

3.3.5　孩子一遇到困难就退缩，怎么办

你的孩子是一个性格刚毅、勇往直前的"小战士"，还是

一个温顺听话，但一遇到困难就退缩的"乖乖仔"呢？父母都希望孩子能自立自强，但这件事情做起来为什么那么难？

事实上，由于初为父母，未曾"考"过上岗证，以及对育儿感到焦虑，你在激励孩子这件事情上很容易陷入误区。

比如一种非常典型的错误做法是通过指责、挖苦、命令甚至威胁等方式，用负激励来驱动孩子，让他完成特定动作。这些简单粗暴的方式虽然有时会奏效，但它们本质上是一种暴力胁迫。

在这种暴力胁迫下，哪怕孩子暂时配合你，但其内心一定是抗拒的。而且，在更多的时候，孩子会反抗、哭泣，甚至希望你远离他。

那么，父母遇到这种情况该怎么办呢？可以采用以下 4

个技巧。

技巧 1：运用"描述式语句"，替代批评与指责。

比如，孩子在学骑自行车时屡次摔倒，显得有些沮丧，并且想要放弃。此时，父母不要对孩子说："你怎么这么胆小，遇到点问题就往后缩！"，而是可以运用"描述式语句"，说："我看到你一直在尝试骑好自行车，虽然过程中摔倒了好几次，但每次你都很勇敢地站起来继续尝试。看得出来，你现在可能觉得有点困难，甚至有点害怕再次摔倒，这是很正常的，每个人学习新技能时都会遇到挑战。"

这样的表达既肯定了孩子的努力，也体现了对他的理解和包容，有助于孩子在困难面前听取父母的改善建议。

技巧 2：设定合理目标与期望值。

假设孩子在学习钢琴等乐器时对弹奏复杂的曲目感到畏

惧，总是选择弹奏简单的曲目。父母则可以根据孩子目前的水平，与孩子共同设定一个短期的、可实现的目标，比如在一个月内学会弹奏一首有一定难度但仍在孩子能力范围内的曲目。

在设定目标时，父母可以和孩子一起找到弹奏这首曲目的难点，引导孩子重点练习；并将整个学习过程分解为若干个小任务，对孩子完成小任务进行及时的赞美，让孩子在逐步完成任务的过程中提升自我效能感，从而敢于挑战弹奏更高难度的曲目。

技巧3：引导孩子自己解决问题。

比如孩子在数学作业中遇到一道复杂的几何题，束手无策，开始焦躁不安。此时，父母可以先稳定孩子的情绪，然后引导他一步步分析问题。

首先，父母可以让孩子描述自己对题目的理解，明确困惑之处；其次，引导孩子将复杂的图形拆分成几个简单的几何形状，利用已学过的公式或定理尝试解答；最后，鼓励孩子自行检查答案，或与孩子一起讨论验证。

在整个过程中，父母的主要任务是引导而非直接提供答案，让孩子在独立思考与实践操作中提升解决问题的能力。当孩子最终解开难题时，父母应及时肯定他的努力与成果，这也可以增强孩子的自信。

技巧4：培养孩子的抗挫力与乐观心态。

孩子参加学校的足球比赛，尽管他全力以赴，但球队仍输掉了比赛，孩子对此感到非常失落，怎么办？此时，父母可以与孩子一起回顾比赛过程，找出球队做得好的地方（比如团队配合、防守策略等），同时理性分析失利的原因（比如对手实力较强、本队失误较多等）。

比赛结果固然重要，但更重要的是比赛过程中的学习与成长，父母可以选择鼓励孩子从失败中吸取教训，看到自身的进步空间。此外，父母还可以与孩子分享自己或其他成功人士面对挫折、逆境时如何保持乐观、坚持不懈的故事，以及一些鼓舞人心的金句。

比如父母可以分享：**"我们允许你在挑战后失败，但不允许你还未尝试就直接放弃，这叫对自己有交代。"**

父母应让孩子明白：失败可以让人获得经验，是成功的垫脚石，只要保持积极心态，持续努力，在未来的比赛中就有更高的概率取得更好的成绩。

　　你看，通过这样的引导，孩子是不是就能学会在困难面前保持乐观，并培养出坚韧的抗挫力呢？

3.3.6　孩子考前压力过大，父母不知道如何插手，怎么办

　　你的孩子在考前，会紧张吗？如果你问得多一些，是不是孩子压力就更大了呢？这个时候，你是不是都不知道该怎么办了呢？

　　的确，在孩子面临考试的关键时刻，通常妈妈们都无法做到像孩子他爸那样淡定，可能会忍不住表现出高度的关注与期待，尽管她的初衷是为了孩子能在考试中拿到好结果，但过度的干预，又或者是严格的要求，往往又会在无形中加剧孩子的考试焦虑。

　　考试的压力与焦虑，我们一般会认为，它是对未知结果的过度担忧、对自我期望值过高以及对失败后果的恐惧。而从脑科学的角度来看，一遇考试就紧张，还和以下 3 大要素有关。

　　首先，杏仁核激活。杏仁核是大脑的情绪中心，负责处理

恐惧、焦虑等负面情绪。当面临重大考试时，大脑将考试结果与个人价值、未来前景等重要事项紧密关联，杏仁核感知到这种潜在威胁，便会启动"战斗或逃跑"反应，引发紧张、焦虑等情绪体验。

其次，孩子在考前，很可能前额叶皮质抑制功能发生减弱。 前额叶皮质负责执行功能、决策制定、情绪调节等高级认知过程。压力状态下，前额叶皮质对杏仁核的抑制作用很可能会发生减弱，以至于情绪失控，难以理性应对考试压力。同时，在压力的作用下，还往往会导致注意力分散、记忆力下降，影响学习效率。

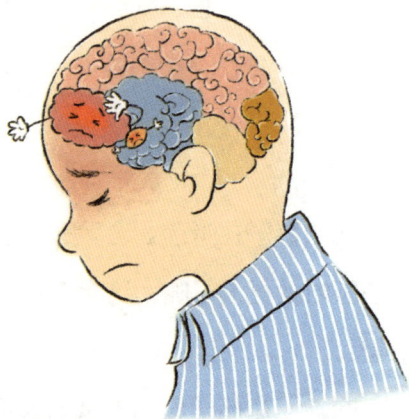

最后，神经递质失衡。 压力情境下，大脑内的神经递质，比如皮质醇这种应激激素、肾上腺素、血清素和多巴胺等，都会发生变化。皮质醇水平升高，可能导致免疫系统功能下降、记忆力受损；血清素减少可能加剧抑郁情绪；而多巴胺下降则可能影响动机和愉悦感。这些化学信使的失衡进一步加剧了焦虑和压力感。

明白了这三点。接下来，我们就能有针对性地来找到解决方案了。

首先，针对杏仁核激活与前额叶皮质抑制减弱，父母可以引导孩子进行情绪调节训练。比如通过正念冥想、深呼吸练习、渐进性肌肉松弛等方法，增强前额叶皮质对杏仁核的调控能力，降低情绪唤醒水平。这些技术能够训练大脑专注于当下，减少对未来的担忧，从而减轻焦虑。

其次，针对神经递质失衡，则可以通过饮食手段进行调整。比如吃一些富含 Omega-3 脂肪酸的坚果，维生素 B 群、镁、锌等对大脑有益的营养素，同时减少糖分的摄入。这些摄入，都能有助于孩子维持神经递质的平衡，提升情绪稳定性。还有香蕉、富含维生素 C 的蔬果以及黑巧克力，也都有助于舒缓压力。

　　最后，为了防止孩子精神压力过大。父母还可以通过让孩子阅读轻松的纸质书、泡脚等方式，提高睡眠质量；通过快走、慢跑、跳绳等有氧运动，促进内啡肽释放，从而提高情绪和认知功能；通过与亲友或者同龄人分享压力感受，进而刺激催产素的分泌，对抗压力带来的负面影响。

　　面对孩子的考试焦虑，父母的角色并非施加压力的源头，而是引导孩子穿越心灵迷雾的灯塔。理解脑科学背后的机制，运用情绪调节、营养调理、运动舒压与社交支持的智慧钥匙，我们能助力孩子解锁内心的平静力量，使之在人生的考场中，无论风浪多大，都能稳握舵盘，从容前行。

3.3.7　孩子不敢尝试新事物，怎么办

　　孩子在成长道路上面对新事物时表现出的胆怯与犹豫，是

许多父母时常遇到的困扰。作为父母，我们不愿意看到孩子踌躇不前，但很多父母只会使用强硬手段逼迫孩子，结果总是双方不欢而散。

所以，作为有策略的父母，针对孩子不敢尝试新事物的困境，我们需要先理解其本质原因。

01　3个本质原因

孩子不敢尝试新事物有3个本质原因。

第一，恐惧失败与批评。 孩子对新事物的畏惧，往往源于对失败后果的担忧，包括可能遭受的批评、嘲笑或自我否定。这种恐惧使他宁愿保持现状，也要避免冒险尝试。

第二，缺乏自我效能感。 自我效能感是指个体对自己能否成功完成特定任务的信念。如果孩子在以往的经历中对自身能力评价较低，则他在面对新事物时会感到无力，从而选择回避。

第三，固定型思维作祟。 我们都知道人的思维有成长型思维和固定型思维之分。有些孩子可能受到固定型思维的影响，认为能力是固定不变的，失败意味着能力不足。

这种思维使得他们害怕获得负向反馈，从而不敢尝试新事物，固化了他们对新事物的恐惧。

02　走心赞赏让孩子突破自我

既然孩子担心负向反馈，那么父母就要给予孩子正向反馈，利用正向反馈让孩子逐渐建立自我效能感，摆脱固定型思维的束缚，从而拥有更强大的内心来面对失败和批评。

但赞赏也并不简单。有的赞赏反而让人产生怀疑，比如孩子明明画得很糟糕，可父母却一味夸赞，让孩子自己都难以置信。这种夸赞就是典型的"为了夸而夸"，夸得一点都不走心。

那什么才是真正走心的夸赞呢？真正走心的夸赞具备 3 个要素。

要素 1：包含描述性词语。

什么是描述性词语？它是相对于评价性词语而说的。比如"厉害""真棒""太好了""聪明"等都属于评价性词语，包含评价性词语的赞赏有很大的缺点，即容易让孩子处于从属地位，很可能会导致孩子内心的抵触。

而包含描述性词语

的赞赏则是针对事实所做的评价。比如孩子第一次完成一幅十字绣，父母如果进行包含描述性词语的赞赏，如"嗯，你这每一针都很匀称，看得出是花了不少时间的"就比"哇，织得真漂亮"更加"走心"。

要素 2：赞赏努力的过程。

无论孩子尝试新事物的结果如何，父母都可以重点赞赏他的努力过程、学习态度与取得的进步。比如："你花了很多时间研究这个新乐器，虽然现在演奏得还不流畅，但看得出你很用心，这就是很大的进步。"这样的赞赏就能让孩子明白，尝试新事物的价值在于尝试过程中的学习与成长，而非结果本身。如此一来，对于不好的结果，孩子就更容易释怀了。

要素 3：在赞赏的结尾用一个词做总结。

比如孩子第一次画丙烯油画，画了一下午，父母就可以

说："你下午花了 3 个小时全神贯注地画这幅油画，这就叫'有耐心'。"又或者孩子在研究人工智能，如用文字来生成图片，生成的图片一张比一张好看，父母也可以抓住机会赞美孩子，让他获得及时的正向反馈，可以说："你在不断地让提示词变得合理和有效，这就叫'持续迭代'。"

我们一直说："父母应如灯盏，而非拐杖。"灯盏可以点亮孩子的内心，而走心的赞赏就是这灯盏的灯芯。

3.4　行为篇

3.4.1　孩子爱顶嘴，怎么办

孩子爱顶嘴，是令很多父母头疼的问题。

你说"放学早点回来"，他回你"你烦不烦"；你说"和你说了多少次，别喝冰牛奶，对胃不好"，他当着你的面3秒喝完一瓶，喝完擦擦嘴，说了话"就喝！"，走进房间把门"砰"地一关。

心理学家温尼科特曾经做过一个关于孩子的逆反心理的隐喻："我种了一个小宝贝，却收获了一枚炸弹。"孩子原本乖巧懂事，为什么突然就叛逆、顶嘴、不服管了呢？

想要理解孩子为什么爱顶嘴，首先，父母需要理解导致孩子顶嘴的原因。

01　导致孩子顶嘴的原因

首先，父母的行为会对孩子的顶嘴行为进行催化。这可以分解为 3 个部分。

第一，过度依赖强硬手段。

部分父母倾向于通过吼叫或体罚促使孩子服从，这类方式短期内看似成效显著，实则为问题的爆发埋下了伏笔。这类做法实质上是成人利用经验和体力上的优势，对孩子施加情绪压力，忽视了对孩子心理的长远影响。孩子或许会暂时沉默，但他们内心的不满与恐惧在逐渐累积，等到孩子自认有能力反击时，这些负面情绪便会以顶嘴的形式爆发出来。

第二，无休止的批评与唠叨。

频繁且缺乏建设性的批评，容易触发心理学中的"超限效应"，即刺激过多、过强或作用时间过久时，会引起极不耐烦或逆反的心理现象，这会导致孩子从最初的内疚转为厌烦乃至反抗。当父母的批评成为一种机械重复动作时，其教育意义便荡然无存，反而激发了孩子的逆反心理。有效的沟通应是精准、正面且适时的。

第三，沟通方式不当。

很多父母喜欢使用反问句和强硬语气，他们与孩子的对话往往聚焦于孩子的错误而非解决问题的方法，这种沟通模式很容易引起孩子过激的情绪反应。反问句虽能增强语气，但也可能加重孩子的情感负担，引发孩子的防御性回应，客观上形成了顶嘴。更有效的方式是积极指导，父母应关注如何帮助孩子改进而非单纯指责孩子。

其次，从孩子自身因素来看，其面临情绪管理的挑战。 孩子顶嘴的另一个关键影响因素在于他们的情绪管理能力尚在发展。大脑的前额叶皮质是负责决策与自我控制的关键区域，而孩子的前额叶皮质尚未发育成熟。这意味着他们在面对情绪刺激时，较难像成人一样有效地调节和表达。因此，父母应当理解并接受孩子在情绪管理方面的局限性，而不是期望他展现出超越他年龄的成熟。

有一句话是这么说的：**谁痛苦谁改变，谁改变谁受益。** 所以，当孩子的叛逆让我们感到难受的时候，正是我们做出改变的时候；而只有当我们做出了某些改变，我们才会真正受益。

02 避免逆反心理的 4 个策略

查理·芒格曾说：

如果知道我会死在哪里，那我将永远不去那个地方。

现在，既然我们已经搞清楚了哪 3 种行为会引发孩子的逆反心理，那我们就尽可能地避免它们。当然，你可能会认为，这说起来容易，做起来难。那我们不妨看看以下 3 个有效的策略。

策略 1：用好心灵咒语。 我们必须认识到，即时生效的管教手段，其效力会随时间递减，直至失效。频繁的怒吼非但不能持久奏效，反而可能使孩子变得麻木，甚至模仿此行为，加剧亲子间的对立。因此，当我们发现自己即将爆发情绪的时候，请默念这句话："刺激和回应之间有一段距离，成长和幸福的关键就在那里。"冷静下来，倾听孩子的声音，或许我们会发现孩子有合理的解释，甚至能和孩子共同探索双赢的解决方案。

策略 2：刻意倾听。 我们在控制住自己的情绪后，别急着否定孩子，先听听他完整的想法。说不定孩子有他自己的道理，或许我们能和孩子一起找到其他解决方案。比如在我们让孩子放学后早点回来，而他嫌我们烦的场景中，也许我们让孩子说完他的完整想法后才能了解到：原来孩子是想更好地融入新集体，所以放学后要和同学一起参加课外活动。此时，我们不仅不会埋怨他，甚至还可能鼓励他。

策略 3：改变语言模式。我们想过为什么自己会唠叨吗？是因为孩子又做了不合我们心意的事情？那孩子为什么要做不合我们心意的事情呢？比如他明明已经听我们说了很多次喝冰牛奶对胃不好，为什么他还是坚持 3 秒喝完一瓶呢？他能获得某种心理利益吗？

是的，他从反抗我们的过程中获得了心理满足，宣告了一次权力争夺的胜利。

抽丝剥茧后，我们会发现，我们的批评唠叨和孩子的顶嘴行为之间形成了一个恶性循环，但只要选择把权力还给孩子，我们就可以打破这个循环。

要做到这一点，首先，改变心态，不要想着如何去控制孩子。因为一旦我们也进入了情绪化的权力之争时，我们就会把自己多发育了二三十年的前额叶皮质的理性水平，拉低到和孩子一样的水平。

其次，选择换个视角思考。如果我们是孩子，我们喜欢被别人唠叨吗？更何况，两害相权取其轻，喝一瓶冰牛奶造成的伤害和亲子之间的情绪化冲突造成的伤害，应该如何选择呢？如果我们放下自己的坚持，过一段时间，在相同的场景下，孩子注意到我们忍住了没阻止他喝冰牛奶，他很有可能会因此决定不喝。

最后，对于喜欢使用反问句的问题，我们可以选择把反问句变成选择疑问句。

比如，把"你为什么不做好作业再玩呢？"变成 "你打算现在去做作业，还是再玩 15 分钟去做作业？"，自主选择让孩子体会到掌控感，而且多玩 15 分钟的影响并不大。

再比如，把"你先把垃圾倒掉不好吗？"变成 "你自己一个人去倒垃圾，还是我和你一起去倒？"，"躬身入局"，而不是发布命令式地指派任务，孩子的感受会更好。

你是否注意到我多次使用"选择"这个字眼，因为我想要说明让孩子反叛或者不反叛，顶嘴或者不顶嘴，其实都是父母的选择。

3.4.2 孩子爱撒谎，怎么办

在孩子的成长过程中，父母有时会发现孩子存在爱撒谎的问题。

比如，寒暑假中的一天，你拖着疲惫的身躯回到家，翻开孩子的作业一看，发现布置给他的任务只完成了不到 20%。你怀疑他白天在玩平板电脑，但他死活不承认。当你调出屏幕使用时间后，数据揭穿了孩子的谎言，然后孩子开始哭泣，孩子的撒谎行为则点燃了你内心的怒火。

可是，孩子为什么会撒谎呢？要理解这个问题，首先要来剖析孩子会撒谎的本质。

01　孩子会撒谎的本质

孩子会撒谎主要有 3 个原因。

原因 1：逃避责罚。孩子在意识到自己的行为可能招致批评、惩罚时，往往会通过撒谎来逃避负面后果。比如上面的案例中，孩子因为偷偷玩平板电脑而耽误了写作业，为了逃避大人的责难，就谎称自己没有玩。孩子撒谎可能出于对失败、错误的恐惧以及对大人权威的敬畏。

原因 2：满足期望。有时，孩子之所以撒谎，其实是为了迎合父母、老师或同伴的期望，以展现更好的形象或获得认同。比如，有的孩子在得知父母希望他能在钢琴比赛中获奖后，尽管练习得不够充分，他仍告诉父母自己每天都在刻苦练习。这种撒谎行为反映出他渴望得到赞许、避免父母失望或维持和谐的亲子关系的心理需求。

原因 3：缺乏有效的沟通渠道。有些孩子感觉自己的真实想法和感受不被理解、接纳，或者在面临压力、困扰时缺乏安全、开放的沟通环境，他们就可能会将撒谎作为一种自我保护的方式。比如，有些孩子因为害怕被嘲笑而不愿承认自己在学校被别人欺负，于是编造借口解释身上的伤痕。

02　3种策略帮助孩子避免撒谎

策略1：营造安全、非评判的沟通氛围。

作为父母，我们可以选择提供一个无条件接纳孩子、孩子不会因犯错而受责备的安全空间。比如，我也遇到过儿子由于玩平板电脑而耽误学习的情况，但我采用的策略是：平静地询问他原因，而非立即指责。

我会让他意识到尽管偷偷玩平板电脑这件事情不对，但我并不会发脾气。之后，我们再一起制定合理的平板电脑使用规则，让孩子体验到因诚实而获得的理解和帮助。

事实上，这个策略也是我从我父亲那里学到的，当我还是个中学生的时候，我就与父亲约定周一到周四完全不玩游戏，周五和周末作业都完成后则可以玩。当我体会到这份共同制定规则的掌控感后，我也就没有必要为偷玩游戏而撒谎了。

策略 2：引导孩子理解撒谎的后果。

比如，父母可以通过讲故事、讨论的方式，让孩子明白撒谎可能会导致信任破裂、人际关系紧张等长远后果。例如，父母可以讲述有个练琴的孩子，为了迎合父母的期望，谎称自己每天都在努力练琴，最后不仅没有达到目标，还让自己信誉受损的故事。通过这种方式，父母既没有直接戳穿孩子的谎言，给孩子留了面子，又在无形中让孩子在之后的日子里丧失了撒谎的动机。

策略 3：帮助孩子建立有效的冲突解决机制。

父母可以选择教导孩子在面对问题时通过沟通、协商、寻求帮助等途径解决问题，而不是用撒谎来掩盖或逃避。当感觉孩子可能在学校遭遇困扰时，父母可以耐心倾听，与孩子一起探讨如何向老师反映情况；或者和孩子一起搜索和观看短视频，直观地学习应对困扰的技巧，让孩子学会直面问题而不是用谎言来逃避。

面对孩子爱撒谎的行为，与其急于责备与纠正，不如深入探究其背后的心理需求，以理解、接纳与引导之力，为孩子铺就一条由谎言走向诚实、由逃避迈向担当的成长之路。

3.4.3　孩子爱咬指甲，小动作不断，怎么办

一个宁静的周末午后，阳光透过窗帘的缝隙洒在孩子的书桌上，他正埋头于堆积如山的作业之中。不经意间，他的小手不自觉地伸向嘴边，他轻轻地咬起了指甲，嘴巴一圈圈地绕着指尖打转。

如果你正好撞见这样的场景，会有何反应呢？有些家长会立刻暴怒阻止："你怎么又咬指甲？跟你说了多少遍，这样太不卫生了，容易生病！"可是，这样的语言阻止有效吗？如果有效，为什么孩子爱咬指甲的行为仍旧会复现呢？

所以，要解决孩子爱咬指甲的问题，我们需要探寻其本质。

01　孩子爱咬指甲的本质

爱咬指甲这一行为在心理学领域被广泛认知为"咬甲癖"或"咬指甲症"，是一种普遍存在的习惯性动作，其通常可追溯至儿童时期，而成人中也不乏此行为。该行为背后蕴含的深层原因复杂多样，主要可归纳为 3 个核心因素，每一个因素都深刻揭示了个体心理状态与外在环境的相互作用。

因素 1：压力与焦虑的释放阀门。

在快节奏与高期望值的社会环境中，孩子面临着来自学业、人际交往，甚至是家庭环境的多重压力。这些压力像无形的重担，悄然压在孩子稚嫩的肩头。当孩子内心的压力积累到一定程度，难以找到合适的宣泄途径时，咬指甲便成为一种简便易行的自我安慰机制。

在焦虑与不安的驱使下，孩子通过重复这个动作来寻求片刻的安宁，仿佛能借此短暂逃离现实的重压，获得一丝心理上的解脱。因此，咬指甲成为孩子面对无法言说的紧张情绪时的一种无意识的自我调节行为。

因素 2：情感诉求的无声呼唤。

人类是社会性动物，对情感连接有着天然的渴望，孩子更是如此。在家庭或学校中，孩子若感觉被忽视或与他人缺乏足够的情感交流，就可能会采取一些行为来吸引他人的注意，哪怕这种注意是以批评的形式呈现的。

咬指甲，这样一个看似不起眼的动作，却能在不经意间成为孩子向外界发出的求关注的信号。即便这种行为可能招致负向反馈，但在孩子看来，哪怕是被批评也好过被完全忽视。这种行为背后隐藏的是孩子对爱、认可与归属感的深切渴望。

因素 3：完美主义倾向的微观展现。

部分孩子可能发展出了过于严格的自我标准，即所谓的完美主义倾向。对于这些孩子而言，即便是小小的指甲也成为他们审视的对象。或许是因为不满意指甲的形状，或许是因为担心指甲里的污垢影响卫生，这种对细节的过分关注，促使他们通过咬指甲这一行为来进行所谓的"自我修正"。

实际上，爱咬指甲这一习惯性行为是儿童心理状态的镜像，影射出他们面临的压力、情感需求及对完美的执着追求。认识到这 3 个因素，父母就能采取有针对性的策略，帮助孩子逐步克服这一习惯，引导孩子健康成长。

02　父母可以这样做

针对压力与焦虑。

一方面，父母可以与孩子共同制订合理的学习和休息计划，避免过度安排活动，确保孩子有足够的自由时间来放松和玩耍；另一方面，父母也可以学习一些压力管理技巧，比如深呼吸、冥想、做瑜伽等，引导孩子与自己一起练习这些技巧，从而帮助孩子在面对压力时能有效地自我调节。

针对情感诉求。

父母可以从正反两个方面一起做功。**正向做功时**，父母，尤其是父亲，可以定期参与家庭活动，比如共读、游戏或户外运动，增加与孩子的亲密时光，确保孩子感受到被爱和重视；**负向做功时**，父母可以采取消退法，即通过撤销促使某些不良行为的强化因素，来减少这些行为发生。简单地讲，就是父母对孩子咬指甲这种不良行为不予关注、不予理睬。如此一来，由于孩子发现咬指甲无法再引起父母注意，那么这种行为发生的频率就会下降，甚至这种行为会不再发生。

针对完美主义倾向。

父母可以潜移默化地帮助孩子树立"先完成，再完美"的价值观，从而帮助孩子设定可实现的目标，让他理解失败是成长的一部分，避免因过度追求完美而产生的压力。与此同时，父母也可以让孩子认识并接受自己的不完美，让孩子意识到每个人都有其独特性，比如通过讲故事或者与孩子共同观看这一主题的短视频等方式，让孩子拥有更多的自我包容性。

孩子咬指甲，是在用自己的方式表达内心感受，别急着责备，这个小动作是焦虑情绪的表现；也别忽视，那是渴望得到关注的方式。每个小习惯中都藏着成长的秘密，让我们用智慧解锁、用心引导，成为孩子不强势的守护者。

3.4.4　孩子偶尔说脏话，怎么办

请想象这样一个画面。一家三口坐在客厅里一起观看电影，气氛本该是和谐而愉快的。然而，当电影主角不慎跌入反派设计的陷阱时，孩子突然说了一句让空气瞬间凝固的脏话。此时，你会有何反应呢？

01　孩子偶尔说脏话的本质

孩子为什么会冷不丁地说脏话呢？主要有 3 个原因。

原因 1：模仿。

模仿是人类早期学习的核心机制之一，孩子从出生起就开

始观察并模仿周围人的行为与语言。从模仿的角度看，孩子说脏话首先源于他所处生活环境中他人的直接示范。这包括家庭成员间的对话、电视节目、电影、网络视频，甚至是在公共场所偶然听到的陌生人的交谈。

孩子不具备成熟的判断力，因而无法区分哪些词汇是社会普遍接受的，哪些则是禁忌或不雅的。孩子会单纯地认为，既然周围的人在使用这些词汇，那么这些词汇就是可以被说出口的。因此，即使成人在无意间或在特定情境下使用了脏话，这些脏话也可能成为孩子模仿的对象，进而转化为其惯用的语言。

原因2：寻求注意或反应。

寻求注意或反应揭示了孩子说脏话背后的社会动力学原理。在孩子的世界里，任何能引起成人注意的行为都是重要的交流尝试。当孩子偶然发现说出某句脏话能迅速引起父母或老师的强烈反应——无论是惊愕、生气还是笑而不语——这种反馈本身便成为一种强化机制。

孩子可能并不完全理解这句脏话的意义，但他们确切地感知到这句脏话具有某种"魔力"，能够打破常规，引起他人关注。这种情况下，说脏话变成了孩子探索社会边界、测试成人反应及寻找自我存在感的一种方式。

原因3：情绪表达。

孩子在成长过程中会逐渐积累各种情绪，却往往缺乏有效的表达工具。面对愤怒、恐惧或兴奋等强烈情绪时，他们可能会本能地寻找最直接、最强烈的语言来表达这些情绪。脏话因其强烈的感官冲击和情感色彩，成为部分孩子在情绪高涨时的选择。

脏话仿佛是一种简化的"情绪急救包"，能帮助孩子在掌握复杂情感词汇和调节策略之前，快速地"喊出"自己的感受。尽管这种方式不符合社会规范，但对于孩子而言，这是一种原始而直接的情绪表达途径。

02　父母的应对策略

既然已经厘清了孩子说脏话的原因，接下来就是提出解决方案。

针对模仿。

一方面，父母需要注意自己的言语表达，避免在孩子面前使用不恰当的语言。父母要成为孩子模仿的正面典范，展示如何使用文明、得体的语言进行交流；另一方面，父母也需要筛选媒体内容。在孩子接触的音频、视频等多媒体资源中，注意选择那些语言健康、内容积极向上的资源，减少不雅语言的输入源。

针对寻求注意或反应。

当孩子说脏话以寻求注意时，父母应保持冷静，避免过度反应，因为父母的过度反应可能会在无意中强化孩子的这一行为。父母可以选择平静而坚定地告诉孩子，这种语言不被接受，并引导他用其他方式获得关注。与此同时，父母可以设定特定的时间与孩子进行一对一交流，倾听孩子的想法和感受，确保孩子感受到重视，减少孩子因寻求注意而产生的不良行为。

针对情绪表达。

父母可以教导孩子认识和命名不同的情绪，并教给孩子合适的情绪表达方法，比如使用"我感到……因为……我希望……"的句式表达不满，或者通过深呼吸、运动、冥想等方式安全地释放情绪，让孩子学会自我调节。

现在，让我们回到本小节开头假设的场景，当孩子的话让空气突然安静，这时候，我们不妨先深呼吸，稳住自己的情绪，别急着训斥，也别一笑带过。

我们可以蹲下来，看着孩子的眼睛，温和而坚定地说："宝贝，这句话不太礼貌哦，我们不要用这样的词语。如果生气或难过，可以告诉爸爸妈妈你是怎么想的，我们一起找到更好的说法，好吗？"

这样的回应既表明了立场，又教会了孩子正确的表达方式，还保持了亲子间的亲密关系。之后，在日常生活里，多和孩子进行积极的言语交流，身体力行，让孩子在爱与正面示范中慢慢学会如何恰当地表达所有的情绪。这样，家里发生的每一段小插曲，都能成为孩子成长路上的坚实台阶。

3.4.5 孩子做事没耐心，怎么办

你知道吗？在这个世界上，绝大多数孩子都是缺乏耐心的，他们很可能看书看了一会儿就去干其他事情；又或者上个月喊着要学围棋，才学了几次就没有心思去上课了。

为什么孩子会没有耐心呢？怎样才能培养出孩子坚持的品格呢？要回答这个问题，我们首先要了解耐心的本质。

01 耐心的本质

在讲耐心的本质之前，我想和你分享一个故事。故事的主人公是一对普通的母女。但这位妈妈做了一件不普通的事情，那就是每天给她的女儿拍一张照片。

她从女儿出生的那天开始，一直拍到女儿 18 周岁成年那天。一年 365 天，18 年就是 6000 多天。后来，这位妈妈在当地的小镇上办了一个摄影展，摄影展的主题就是女儿。请想象一下，当你走进摄影展，从看到第一张婴儿的照片开始，一路看到了一个 18 周岁的女生的照片，这个场面是不是很震撼？是的，这件事轰动一时，有很多人专门前往这个小镇看展。

在我的另一本书《熵减法则》里，我分享过该案例。我把该案例体现的思想称为"涌现"，即将无数个普通的动作叠加在一起（并使它们最终交织成不普通的结果）。

第一次听到这个故事时，我感到非常震撼。我在想，到底

是什么力量让这位妈妈有如此耐心坚持每天拍照呢？

基于这些年翻阅的许多资料及多次思考和实践，我最终把耐心的本质总结为两个关键。

第一，耐心是一种以终为始的认知。人类的本能是缺乏耐心的，成年人往往喜欢及时反馈，更不用说前额叶皮质还没发育完全的孩子。但也有很多孩子不缺乏耐心、能坚持做一件事，有些小小年纪就通过每天训练练成了一手好书法；有些才小学五年级，就在日更公众号，每天输出 1000 字以上。有一次，我和一个小学三年级的小朋友下国际象棋，居然赢不了他。

他们都是怎么做到的呢？难道他们是天才吗？后来我否定了所谓天才的想法，因为我在我儿子身上也看到了类似的情况。有一段时间，儿子在每个周末做完作业后休息的时间里居然不再像往常一样看电视，而是向我借计算机，用计算机上的 scratch 软件编程。我没学过编程，自然完全看不懂孩子在捣鼓什么。就这样 3 个多月后，他邀请我玩他制作的游戏，我一玩竟然发现这个游戏的品质一点也不低于我小时候玩的那种冒险解谜类游戏。再后来，儿子拿这个游戏参加编程比赛，获得了上海市宝山区的三等奖。

其实，在这些耐心和坚持的背后是孩子早已明确的目标，孩子想好了自己要前往哪里，要做成一件什么样的事情，所以，才有耐心每天坚持。

第二，耐心的本质不是脉冲式突进，而是每天推进一点点。不知道你是否听过复利效应，它被称为"世界第八大奇迹"。复利效应有一个特点，那就是前期的增长非常缓慢，但达到某个拐点后，增长就变得非常迅速。

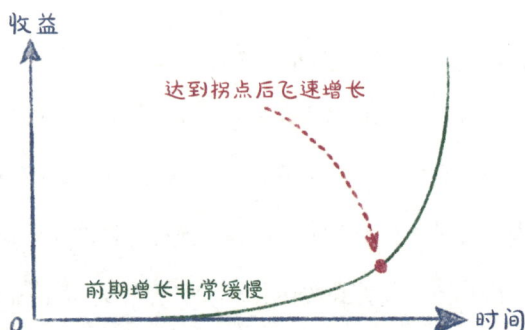

很多人由于从未见过这幅图，或者见过但没有认真思考过，因此他们无法理解耐心的第二个本质，更不会把这个认知运用在自己的孩子身上。比如如果让你选择，你是希望孩子在周六下午背2个小时英语单词，一次背完50个；还是让孩子每次少背一些，背5～10个就可以休息？

正所谓：小草不争高，争的是生生不息；流水不争先，争的是滔滔不绝。如果你已经开始理解这句话，那么就可以继续探索具体要怎么做才能培养孩子的耐心了。

02　如何培养有耐心、能坚持的孩子

首先，父母可以帮助孩子建立以终为始的意识。"以终为始"的含义看起来好像非常深奥，但真正做起来一点也不难。

如果你的孩子已经上小学了，你可以邀请他观看一部经典电影《肖申克的救赎》。一旦孩子看到主人公一小锤一小锤地在牢房里挖地道，最终获得了自由。他就很可能领会到只要有一个终极目标，并且有耐心地坚持每天去做，最终就能达成该目标。

其次，父母可以通过兴趣和特长培养孩子的耐心。每个人的偏好是不一样的，人对于自己偏好和感兴趣的事物更容易坚持。当然，发掘兴趣并不是一件简单的工作，需要大量试错。所以在发掘孩子兴趣和特长的阶段，你要允许孩子浅尝辄止。也就是前期让孩子大量地接触各类兴趣爱好，然后和孩子一起沟通，并帮他挑选出他特别喜欢的 1 ~ 2 个进行深度钻研。比如我儿子之前上过各类兴趣班，如围棋班、绘画班、钢琴班、编程班、轮滑班、篮球班、乒乓球班等。最后他发现自己喜欢的是钢琴、AI 和编程。现在他已经拿到钢琴十级证书，同时开始在课余时间深度学习 AI 和编程。

再次，父母可以帮助孩子做目标拆分，让结果更容易被看见。孩子毕竟年龄较小，不可能像大人那样理性，所以他更需要阶段性的及时反馈作为鼓励。如果你发现孩子对某件事情感兴趣，比如围棋或者绘画，在他下了一定次数围棋或者画了一定数量的画之后，你可以通过拍照进行记录，给他发一张由你颁发的证书，比如"恭喜张小明小朋友完成 20 幅画作"。小成就更能激发内驱力，这种奖状颁发仪式可以有效地激励孩子，给他继续坚持的动力。

最后，父母还可以帮助孩子养成"3 个固定"的习惯。什么是"3 个固定"？简单来讲，就是在固定时间、固定地点，做固定的事情。比如 20 点到 20 点 30 分是孩子在卧室背单词的时间，一到该时间，就督促孩子去做这件事。又比如每周六 13 点到 14 点是孩子在书房里写作的时间，一到该时间，其他事情一律搁置，优先让孩子完成此任务。

之所以"3 个固定"的学习方式有效，是因为地点、时间、事件这 3 个要素的结合能形成一种学习场，每进行这样的学习一次，学习场的效用就能增强一分。一旦学习场的效用强到一定程度，无论是孩子还是成年人，其行为都可以受到"3 个固定"的加持，即只要不在固定的时间、地点、做某件事，我们就感觉浑身不舒服。

小草不争春来早，只愿绿意满人间；细水不比江河急，却能润物潜无声。培养耐心的过程中，每一步"闲敲棋子落灯花"，都是"绳锯木断，水滴石穿"的修行。父母通过践行以上策略，可以让孩子在"滴水成河，粒米成箩"的实践中，逐渐明白"台上三分钟，台下十年功"的真谛。如此一来，孩子在未来定能创造"积土成山，风雨兴焉"的辉煌。

3.4.6 孩子总在学校"捣乱"，老师总来找你，怎么办

你的孩子会在学校惹事吗？老师总是因为他在学校"捣乱"来找你，你该怎么办？

很多父母遇到这种情况，第一反应就是对孩子一通责骂。但如果打骂管用，为什么老师会一而再、再而三地来找你反馈呢？

很显然，"用旧地图找不到新大陆"。如果想要彻底解决孩子在学校"捣乱"的问题，不妨另辟蹊径。

美国心理学家鲁道夫·德瑞克斯认为：孩子需要鼓励，正好比植物需要水；没有鼓励，孩子就没法生存。《正面管教：如何不惩罚、不娇纵地有效管教孩子》的作者简·尼尔森也曾说："鼓励，才是帮助孩子成长和学习最好的办法。"

从底层的心理需求的角度看，很多孩子之所以在学校"捣乱"，是因为他们觉得自己不重要，渴望通过这种方式吸引他人的关注。这种想要被关注的需求是孩子对于归属感和自我价

　　这也是为什么成绩名列前茅的学生很少出现"捣乱"行为的原因。因为他们早就已经获得周围人足够的重视了。

　　现在我们已经理解了孩子做出"捣乱"行为的根本原因，那么到底应该如何实施鼓励呢？

　　第一步，通过采取策略，克制自己情绪应激的冲动。

　　我们都知道在情绪即将爆发的时候很容易控制不住自己，这是很正常的。所以我们在接到老师投诉，感觉到自己明显有烦躁情绪的时候必须先缓一缓，不要立刻找来孩子发泄自己的情绪。

　　毕竟，当我们情绪激动时，孩子的情绪往往会比我们更激动。两个情绪激动的人凑在一起，只能让情绪冲突升级，很难真正解决问题。

　　第二步，通过鼓励，让孩子重获归属感。

　　很多父母觉得鼓励主要是指赞扬、表扬，这就把鼓励给窄化了。事实上，我们至少还可以使用以下两种鼓励来让孩子重建的归属感。

第一种是认可孩子情绪的鼓励。比如我们可以对孩子说："今天老师来找我了，说了你在学校里的事情，我知道你现在可能既羞愧又有些担心，希望有人能理解你，对吗？"这个时候孩子可能会否认自己的情绪，也可能默不作声。没关系，我们可以接着实施第二种鼓励。

第二种是肢体鼓励，可以让沟通的气氛更加缓和。肢体鼓励不一定是拥抱，哪怕只是轻轻地拍拍孩子的肩膀，给孩子微笑的眼神，甚至只是安静地坐在孩子旁边，都是有效的鼓励。这时，我们要注意保持耐心，如果孩子仍旧没什么反应，也千万别说"喂！你在不在听我说话"去激怒孩子，否则会让他又退回到不愿意和你沟通的状态。

当我们感觉沟通氛围已经相对缓和了，就可以实施第三步。

第三步，通过提问，引导孩子好的行为发生，让他建立自我价值感。

我们可以问孩子："如果你是你自己的一个朋友，遇到这种情况，你会建议他做点什么来弥补呢？"

为什么要这么问呢？因为这种问法有利于孩子进行情绪和理性的分离，孩子更可能实施行动。

比如，如果孩子在教室墙壁上乱涂乱画，我们让他站在自己朋友的立场上思考，他很可能会自己早一点去学校清洁教室的墙壁。而且，由于解决方案是孩子自己提出来的，所以他也更可能去执行。只要孩子能主动承担"捣乱"的责任，通过后续行动进行弥补和改正，比如通过清洁让教室的墙壁恢复如初，那么他的自我价值感就会随着任务的完成而建立起来。

通过践行鼓励三步法，我们不仅能纠正孩子的错误行为，而且能锻炼他的能力，培养他的责任感。

3.4.7　孩子在学校老被欺负，怎么办

一天放学，你看到孩子脸颊下方肿了个包，简单了解后，原来他被学校里的同学欺负了。此时，你的第一反应是什么？

有人说："那还用问，就应该以牙还牙，让孩子打回去呗！"

可是，这真的是个好策略吗？

曾有一个男孩遭到同学欺负，他的爸爸听说后，生气地让他反击，但是男孩再遭挫败，深感沮丧，结果男孩处于家人与同学的双重压力之下，更加痛苦了。事实上，父母提倡的以牙还牙，貌似鼓励孩子勇敢独立，实则更多的是满足他们自身的期望，并不是真正解决问题的办法。

那么，针对孩子在学校老被欺负，父母该怎么办？

01　孩子被欺负的应对之道

复旦大学社会学系学者沈奕斐博士曾经做过这样的分享。

得知儿子被欺负后，她没让儿子"打回去"，也没立刻联系老师，而是践行了"刺激与回应之间存在一段距离，幸福与成长的关键就在这里"的理念。当沈博士冷静下来后，她一共实施了4个步骤。

第一步：**探因判性**。沈博士询问儿子冲突细节，包括攻击是否特定针对儿子及旁观者的反应等。经询问得知，儿子并非唯一被欺负的对象，他人也遭同样待遇，且有同学相助。因此该事件并非就是特定针对儿子的欺凌事件。

第二步：**评估伤势与介入必要**。沈博士细询伤处、打人工具的使用情况及儿子的痛感。鉴于儿子仅为轻微瘀伤，其主要的苦恼是来自公共场合的尴尬，因此，她判断情况可控，决定让儿子自主决定处理方式。

第三步：**倾听孩子愿望**。沈博士询问儿子期望的解决方式，儿子则希望沈博士能协助自己让对方道歉。她依据儿子的愿望联系老师，促成了道歉。随后，儿子原谅了对方。实施此步骤的关键在于，尊重并采纳孩子意见，这优于对孩子强加父母的意志，利于孩子的情绪管理和问题解决能力的提升。

第四步：**持续关注后续**。事件解决后，沈博士继续留意儿子动态，发现他的绘画内容从反映冲突转为反映和平了，这说明儿子与之前发生冲突的同学的关系得到了改善。通过这一步，父母可以及时发现并预防潜在问题。

02　如果孩子遭到语言暴力，怎么办

沈博士处理孩子受欺负的策略极为巧妙，她采取的四步法

贴近孩子视角，与常见父母的做法形成对比，有效扮演了孩子的坚强后盾角色。

可如果孩子遭遇的并非肢体冲突，身体上没有伤，而是遭遇了语言暴力呢？比如孩子一连好几天情绪低落，妈妈问了好久，孩子才终于肯说："妈妈，同学问我是不是有'侏儒症'，一辈子都长不高。"肉体上没有受伤，但孩子心里很委屈，怎么办？

父母依旧不能被情绪左右，还是可以分四步处理。

第一步：建立预警机制，智慧启航。父母应从小教育孩子认识到，言语锋利也能伤人，如同隐形的刀刃；同时告诉他，当那些刺耳的话语让他觉得不舒服了，父母就是他最坚实的后盾，随时欢迎他向父母倾诉，父母会与他共同抵御风雨。

第二步：实现心灵共鸣，注重倾听的艺术。孩子遭遇言辞攻击，父母首先要做的是打开孩子的心扉，耐心引导，让他畅所欲言，抒发心里的情绪。作为父母，我们应该成为孩子情绪的容器，接纳孩子的每一份情绪，让孩子在倾诉中逐步释放压力，重新恢复内心的宁静。

第三步：智谋共创，策略小能手养成记。父母别急于给出所有答案，应鼓励孩子自己绘制解决地图，或许孩子能从网络的广阔天地里，找到最适合自己的应对锦囊。这样，孩子不仅能解燃眉之急，更能实现自信与独立的飞跃，学会在信息时代自己找问题解决方法的技能。

第四步：守护导航，进行如恒星般的守望。父母应做孩子背后那颗不灭的恒星，无论何时，都给予孩子坚定不移的支持。父母可以观察孩子采用的策略是否见效，对方的行为有没有改变，帮助孩子适时调整行动方向，确保孩子在爱与智慧的光芒下健康成长、无畏前行。

在充满挑战的成长之旅中，让我们铭记爱尔兰诗人威廉·巴特勒·叶芝的金句：“教育的本质，不是灌输知识，而是点燃火焰。”真正的强者不是在冲突中证明力量，而是在理解与包容中展现坚韧。面对风雨，我们与孩子同行，不仅教会他如何抵御伤害，更重要的是，将温柔而坚定的力量化作烛光，照亮孩子的世界，与孩子共同成长，让孩子拥抱更加光明与和谐的未来。

第四章

如何控制你的控制欲

4.1 刺激与回应之间存在一段距离，幸福与成长的关键就在这里

你还记得这句话吗？

这句话涉及一个非常重要的心理学理论：情绪 ABCDE 理论。

01 情绪 ABCDE 理论

什么是情绪 ABCDE 理论？它是由美国心理学家阿尔伯特·埃利斯于 20 世纪 50 年代精心锻造的一把解锁内心世界、转变消极情绪为积极力量的钥匙。

在该理论中，A、B、C、D、E 这 5 个字母分别是 5 个英语单词的首字母。

A：Antecedent，事件。它可能是生活舞台上的一段小插曲，如一场意外、一次冲突，会悄然降临，挑动心弦。

B：Belief，信念。内心深处的回声，是那些未经审视却左右我们情绪的第一反应。

C：Consequence，情绪结果。是信念影射出的情绪海洋，或愤怒、或悲伤、或恐惧，是我们直接体验到的情绪风暴。

D：Disputation，反驳。是一场内心的辩论赛，可以让

我们挑战那些自动化的信念，质疑它们的真实性与合理性。

E：Exchange，交换。经过深思熟虑后的信念替换，带来情绪感觉的转变，是情绪海洋上的一抹彩虹。

为了方便你理解，请设想这样一幕：春日午后，坐在公园的长椅上，喝一杯咖啡，读一本好书，但宁静被突来的"意外"打破——咖啡倾洒，书页濡湿，愤怒与不悦瞬间涌上心头。这是情绪的直接反馈过程，呈现了由 A 到 C 的直线剧情。

但故事并未结束。当你发现"肇事者"是一位盲人，情绪的剧本突然翻页。D 的光芒照进，旧信念被质疑——这是一场误会，而非有意为之。于是，E 如春风化雨，原先的愤怒转变为同情与自我反省，心情重新归于平和。

情绪 ABCDE 理论揭示了一个深刻的道理：**决定我们情绪的，并非外界的风雨，而是内心的信念。当我们学会在 D 处停留，质疑并调整那些自动化的信念，便能在 E 的舞台上，实现情绪的华丽转身。**

02　情绪 ABCDE 理论在家庭育儿场景中的应用

设想一个，在某个周六的早晨，孩子刚用完早餐，满心欢喜地筹备着与伙伴们出门游玩。然而，当你发现他的书桌上有一份未完成的作业时，心情一下子变得复杂起来。你提议他应当先完成学习任务再出去玩，却意外触发了一场亲子间的"小战役"。双方情绪激动，似乎都不能理解彼此。

你经历过这种情景（A）吗？不少父母会发现自己被一股难以言喻的控制欲所裹挟，一旦孩子的意愿与之相左，内心的平静便会泛起波澜（C）。然而，要知道这些情绪并非无端兴起，它们源自你内心深处的某个信条（B）——"作业优先，娱乐随后"。

在这片看似无垠的亲子冲突之海中，如果你能回想起这句话：

刺激与回应之间存在一段距离，幸福与成长的关键就在这里。

那么你就有了解决问题的机会。你可以选择调整，改变看法（由B至D）。思考片刻，或许你会发现，那短暂的社交时光，对孩子而言，是社交技能的宝贵演练场，其价值不容小觑；况且，周日宽裕的时光足以让孩子完成剩下的作业。

当你的思维转向后，一种全新的情绪（E）便会出现，它能帮助你采取更为温和且更具有建设性的行动。掌握情绪ABCDE理论，再辅以PEADS法则，你就能为自己装备了一副魔法眼镜。

PEADS法则由5个字母构成，它们分别是以下5个英语单词或短语的首字母。

P：Perceive，觉察。如同晨露般细腻，于情绪涌动之初就提醒自己："此刻，我有情绪了。"

E：Endure，忍耐。你可以进行5~10秒深呼吸，让理智战胜冲动。

　　A：Awareness，意识。你可以询问自己："这股情绪背后的信念是什么？"

　　D：Disputation，反驳。在信念的舞台上，让不同的声音同台竞技："我所坚信的，是否为唯一真理？是否还有另一番天地？"

　　S：Seek common ground，求同。携手孩子，跨越分歧，播撒理解，共同耕耘名为"双赢"的沃土。

　　戴上这样一副魔法眼镜，你会发现，家庭生活的每一个瞬间都闪烁着不同的光芒。这不仅守护了你和孩子宝贵的内在资源——时间、精力与情感，更将它们导向了更具意义的领域——共同构建的理解、规划与行动，让爱与智慧在每一场日常冒险中绽放光芒。

4.2 注意力转移了，掌控力就回来了

都说"不谈作业，母慈子孝；一催作业，鸡飞狗跳"。

在养育子女时，若父母仅凭一时情绪采取行动，显然难以达到预期的教育目的。

美国心理学家乔纳森·海特巧妙地借用了"象与骑象人"的意象：象代表情绪，壮硕而难驭；骑象人代表理智，虽有洞察力却力微。显然，当情感的巨象狂奔之时，理性的骑象人往往力不从心，难以把控方向。

那么，该如何应对呢？既然非强力所能控，那就依靠策略取胜。接下来介绍的 6 个策略，旨在帮助父母即刻转移注意力，调节自我情绪。

01　策略 1：情绪觉察

在情绪即将爆发的那一刻，你可以深呼吸，进行自我觉察。意识到"我现在很生气"或"我现在很焦虑"，并告诉自己："我需要先冷静下来。" 实施"情绪暂停"，可以是简单地从一数到十，也可以是离开冲突现场，到另一个房间内短暂独处。这个策略让骑象人有时间评估情况，不让情绪的大象失控，从而避免了在愤怒或焦虑驱动下的可能令人后悔的言行。

02　策略 2：积极重构视角

面对棘手的育儿场景，你可以试着从一个更积极的角度重新解读现状。例如，当孩子写作业拖延时，与其认为孩子不听话，不如认为他正在学习时间管理和自律技巧。这种视角的转变能够显著减少你的负面情绪，引导你看到问题背后的教育机会，更容易采取建设性的应对措施，而不仅仅是对孩子的表面行为做出反应。

03　策略 3：五感法

当情绪即将失控时，你可以立刻运用五感法来引导自己的注意力，即让自己专注于以下 5 个方面中的任意一个。

看：环视四周，找出一种特定颜色的所有物体并计数。

听：闭上眼睛，聆听并辨别周围的 3 种不同声音。

嗅：深深吸气，尝试识别周围的气味，无论是花香、晚餐的味道还是新鲜空气的味道都可以。

尝：如果条件允许，吃一颗薄荷糖或喝一口水，专注于体会那种味道。

触：触摸身边的物品，注意它的质地、温度，如冰凉的桌面或柔软的织物。

这样调动感官，能够让你迅速将注意力从负面情绪中抽离，达到即时冷静的效果。

04　策略 4：贴情绪标签与接纳情绪

给自己当前的情绪贴上标签，比如"我现在感到愤怒"或"我很焦虑"。通过贴情绪标签，你会从情绪体验中稍微抽离出来，进入更理性的观察者模式。随后，尝试接纳这份情绪，对自己说："这是正常的，每个人都会有情绪波动。"接纳而非抵抗情绪，可以减少其对你的负面影响。

05　策略 5：身体动作改变

身体动作可以迅速改变心理状态。你可以尝试做以下任意一种动作。

站起来，伸展身体：这能帮助你释放紧张情绪，促进血液循环。

走动几步：简单的走动可以打破静态情绪，引发新的思考。

握拳再松开：重复这个动作几次，可以释放一些紧张和压力。

用冷水洗脸：冷水的刺激能让人立刻清醒，使情绪变得缓和。

06 策略6：建立日常放松习惯

为了长期管理好情绪这头大象，建立一套日常的放松习惯至关重要。这可以是早晨的瑜伽或冥想，也可以是晚间的阅读，甚至可以是简单的散步。这些活动不仅有助于减轻日常积累的压力，还能增强你的情绪调节能力，使你在面对育儿挑战时更加从容不迫。心情平和的父母，更能够成为孩子情绪稳定的支持者，而不是成为孩子情绪波动的来源。

育儿之路虽长，但每一次对情绪的妥善管理，都有利于实现"母慈子孝"的美好愿景。正如海特的"象与骑象人"比喻所示，通过学习以上策略并实践，我们不仅能够驯服内心的巨象，还能教会它跳舞，象与骑象人和谐共舞，就能共同谱写家庭的幸福乐章。

4.3　不做情绪化的表达，而是表达你的情绪

请想象一下，如果你的孩子埋头写作了一个多小时。当他终于放下笔，长舒一口气，把他手上的作文簿交给你时，原本满怀期待的你赫然发现，孩子的字迹不仅歪七扭八，甚至第一段中就有七八个错别字。

此时，你会不会立刻感到一股无名火在心头燃起？

但是千万不要劈头盖脸地用情绪化的言辞去责骂孩子。因为此时此刻，恰恰是施展教育的良好契机，而可以帮助你实现该目标的有效方法之一，正是：不做情绪化的表达，而是表达你的情绪。

01　情绪化的表达与表达你的情绪

什么是情绪化的表达？它是指在情绪强烈波动的影响下，未经深思熟虑便脱口而出的话语或做出的行为。这种表达往往带有强烈的负向情绪色彩，比如愤怒、失望或不满，更多地表现为责怪、批评或贬低对方，而非传达建设性的信息。在这种状态下，我们容易忽视对方的感受，沟通的目的不再是解决问题或增进彼此之间的理解，而是进行单纯的情绪宣泄。

相比之下，表达你的情绪则是指在充分意识到自身情绪的前提下，以一种平和、理性且尊重对方的方式，分享我们的内心感受和我们所关心的问题。这种方式强调的是自我情绪的管理和有效沟通，目的是促进双方之间的理解和情感联结，共同寻找解决问题的方法。它包括了对自己情绪的识别、接受和恰当表达，同时也包括关注对方的情绪反应，力求在相互尊重的基础上展开对话，是一种情绪智慧的体现。

02　表达你的情绪的三大益处

比起情绪化的表达，表达你的情绪有三大益处。

益处一，改善亲子关系。当父母能够以平和、理性的方式表达情绪，而非情绪化地发泄，孩子会感受到更多的安全感，感到被接纳，这有利于建立一个开放、信任的家庭沟通环境。在这样的沟通环境中，孩子更愿意分享自己的想法和困扰，亲子关系因此得以改善，形成良性循环。

益处二，培养孩子的自我意识与自我管理能力。通过观察父母如何在情绪面前保持冷静和理性，孩子能够学习到如何认识、接受并管理自己的情绪。这种情绪智慧的示范作用，对于孩子自我意识的发展至关重要，孩子在面对生活中的挑战时，能够更好地自我调节，做出更为理智的决策。

益处三，促进问题解决与个人成长。情绪化的表达往往阻碍问题的有效解决，而理性的沟通则能直击问题核心，鼓励父母和孩子共同探讨解决方案。在这一过程中，孩子不仅能够学到如何面对和克服困难，还能够在解决问题的过程中体验到成就感，进而促进其自信心与解决问题能力的提高。同时，这种教育方式也促进了孩子批判性思维和创造性思维的发展，为孩子的个人成长奠定了坚实的基础。

03　"表达你的情绪"三步走策略

下面将以前文中"孩子写作文"的场景为例，带你实践一遍"表达你的情绪"三步走策略。

第一步：自我情绪的感知与调整

首先，进行停顿与深呼吸。在看到作文状况的瞬间，你可以先做几次深呼吸，让自己从即刻的情绪反应中抽离出来。其次，可以进行情绪识别。你要识别出自己内心的不悦或失望，并接受这些情绪的存在，而不是立即否认或压抑它们。最后，你可以立刻做心态调整，提醒自己，此刻的目标是帮助孩子成长，而非单纯发泄情绪。

第二步：进行积极且尊重对方的沟通

你可以给孩子做一个温暖的开场白，比如："宝贝，看到你这么努力完成作文，我真的很欣慰。我们一起来看看你写的作文吧。"接下来，你要给孩子一些具体的反馈："我发现这里有几个错别字，而且字迹有些凌乱，你写这篇作文的时候是不是觉得有些吃力或者时间紧迫呢？"最后，则要表达你对孩子的关心："我关心的是这样的情况会不会让你感到困扰，或者有什么问题是我们可以一起解决的。"

第三步：共同寻找解决方案

好的解决方案不是直接给孩子建议，而是鼓励他自主思考，比如你可以说："你觉得有什么办法可以让字迹更工整、减少错别字呢？"接着，你可以帮他设定小目标："下次写作前，我们不妨先一起练字 10 分钟，你觉得怎么样？"最后，你要表达肯定与激励："我相信，只要我们一步步来，你会做得越来越好。每次进步一点点，就是大大的胜利。"

不是每一次挑战都是风暴，它也可以化作滋养孩子心灵的甘露。当我们将"不做情绪化的表达，而是表达你的情绪"这一原则融入日常，就像在孩子的心田植下一株理解与成长的树苗，这棵树终将蔚然成荫，庇护他茁壮成长。

4.4　隔离有时也是一种好策略

现在，我们已经学习了控制控制欲的 3 种策略，但在极端情况下，我们可能仍然感觉自己压抑不住心中的负面情绪，这时应该怎么办？

还有一个好策略：隔离。当我们感到自己的情绪温度已经快要上升到阈值，再这么持续下去，必然会导致情绪劫持，不妨立刻实施隔离策略，如出门走一圈，践行"公园 20 分钟效应"。

01　公园 20 分钟效应

什么是公园 20 分钟效应？该理论出自一篇发表于《国际环境健康研究杂志》上的研究报告。公园 20 分钟效应认为，哪怕你什么都不做，只要安静地在公园里待 20 分钟，就能让自己有一个更好的状态。

这是为什么呢？美国密歇根大学的 Gavin R.Jenkins 和 Hon K.Yuen 在 2020 年 4 月发表的研究显示，无论你是散步还是坐着，只要你和大自然亲密接触 20 分钟以上，就能显著降低体内压力激素的水平。

与此同时，英国伦敦国王学院的研究人员也在另一项研究中发现，户外活动如观赏树木、聆听鸟鸣，甚至只是简单地坐在长椅上仰望天空，都能有效地改善一个人的心理健康水平，而且其积极影响最长可以持续 7 个小时。

我就有每天午饭后前往附近公园散步的习惯。我发现哪怕早上的压力再大、情绪再低落，只要这么走一走，心理能量就能立刻获得补充。如何践行公园 20 分钟效应呢？你可以践行隔离三步走策略。

02　践行隔离三步走策略

第一步：觉察。觉察是实施隔离策略的第一步，也是最为关键的一步。在情绪即将失控的时候，你要学会停顿，意识到自己正处于情绪的波峰，这是转变情绪的起点。你可以对自己说："我现在感到非常生气／沮丧／焦虑，我需要一些空间来处理这些情绪。"这种自我觉察的能力能有效防止情绪的无意识爆发，为采取进一步行动打下基础。

第二步：行动。一旦觉察到情绪波动，接下来就是果断地采取行动。这包括但不限于告诉家人："我现在需要一点时间独处，20 多分钟就会回来。"随后，换上舒适的鞋子，带上钥匙，出门直奔最近的公园或绿地。即使是在城市中心，找一个小花园或静谧的街道也很简单。重点在于，你需要在物理上远离触发情绪的环境，给自己创造一个全新的、更有利于情绪调节的空间。

第三步：融入自然，深呼吸。到达目的地后，放慢脚步，深呼吸，尝试将注意力转移到周围的自然环境上。观察树木的轮廓、花朵的颜色，聆听鸟鸣，或者仅仅感受微风拂过皮肤的感觉。允许自己完全沉浸在这 20 分钟里，不做任何评判，只是简单地融入环境，让自然的力量帮你卸下负担，平静心绪。如果愿意，你还可以尝试做简单的冥想或正念练习，引导自己的意识回到当下，进一步深化放松效果。

完成隔离后，你要进行一次简短的反思。思考在这个过程中你感受到了自身的什么变化，如情绪是否有所缓解，以及未来遇到类似情况时，你可以如何更快地识别并采取行动。同时，你也可以与家人分享你的体验和收获，这不仅能增进彼此间的理解，还能鼓励他们在面对情绪挑战时也考虑采用类似的方法。

　　最后，你可以尝试将隔离策略和公园 20 分钟效应的实践融入日常生活中，使其成为维护心理健康和帮助个人成长的有力工具。通过不断实践，你会发现，不仅自己在情绪管理上越

来越得心应手，亲子关系也因此变得更加和谐，家庭氛围变得更加温馨。

　　每一次的隔离，都是为了更好地相聚，为了以更加饱满和积极的态度投入生活中的每一个美好瞬间。

第五章

请这样疗愈你的内在小孩

5.1 在强控制欲原生家庭中长大的妈妈如何治愈自己

你见过这张图吗？

外婆的强控制欲，像是一条无形的锁链，穿越时光的长河，悄然影响了妈妈，甚至影响了你。在这个由女性构建的家族故事里，控制欲作为一种不言而喻的传统，被无声地传承了。

而你，作为这个故事的见证者，亲历了妈妈那无处不在的关怀与掌控，它们包裹着爱，却也时常让人感到窒息。

这一节探讨的不仅是如何帮助你从这样的原生家庭模式中走出，更重要的是如何斩断代际间那条看似牢固实则脆弱的强控制欲锁链，实现自我救赎与成长。

01　接纳，控制欲的根源

外婆的控制欲，可能是其所处的时代背景、个人经历或未被满足的安全需求所催生的。妈妈在成长的过程中耳濡目染，继承了这一模式，试图在不确定的世界中寻找确定性，通过控制来维系心中的安全感。而到了你这一代，尽管时代变迁，但那份深植于内心的不安与渴望控制的冲动依旧如影随形。

所以，如果你意识到自己有较强的控制欲，这实际上是一种无意识的爱的表达，同时也是对过往伤害的一种防御机制。

这是很正常的。接纳它，这是你治愈自己的起点。

02　觉察，你的控制欲

在这代代相传的模式中，你的下一步行动是停下脚步，刻意地觉察自我，深入地审视自我。这个过程不仅仅是对日常行为模式的简单回顾，更是一次对心灵深处的挖掘。你可能会发现，那些控制行为背后隐藏着对爱的渴望、对被遗弃的恐惧，以及对不确定性的深深不安。这个过程或许艰难且痛苦，因为它要求你直面内心深处那些长期以来被忽视或压抑的情感。

比如很多在童年受到过自己母亲控制的女孩，她们在成为母亲后，也会不自觉地复制她们母亲的方式，过度干预孩子的学习和生活选择，担心一旦放手，孩子就会走错路，这种过度的保护其实源自她们内心深处对失败的恐惧和对"完美"养育标准的追求。她们害怕因为自己的疏忽导致孩子重蹈自己经历过的覆辙，这种无意识的举动，虽然出发点是爱，但却可能限制孩子的独立性和创造力的发展。

所以此时最重要的事仍旧是"觉察"，本书多次提到"觉察"，因为"觉察"是关键的一步，当你能"觉察"到自己正在重复过去的行为模式，你才能真正开始改变。

而且，这种"觉察"不仅仅是意识到自己在做什么，更重要的是理解自己为什么要这样做，以及这些行为背后的情感驱动力是什么。当你开始在日常生活中捕捉到那些熟悉的、源自童年的控制冲动时，试着暂停一下，深呼吸，问自己以下几个问题。

我现在是否在试图控制一件本应由孩子自己决定的事情？

我感到不安或恐惧的具体原因是什么？

这种控制是否真正出于对对方利益的考虑，还是更多地源于我自己的恐惧？

03 治愈，行动三步走

第一步，小步尝试。

意识到并接受自己的控制倾向后，接下来是实践。这并不意味着完全放弃关心和指导，而是学习如何采用更健康的方式。你可以从一些小事开始，比如允许孩子自己选择课外活动，或者在伴侣处理家庭事务时给予他更大的自主权。每当你成功退后一步，你就获得了对自我控制欲的一次胜利，也产生了对他人能力的一份信任。

第二步，开放对话。

你可以选择与家人尤其是伴侣和孩子进行开放而诚实的沟

通，分享你的担忧、你的发现，以及你想要改变的决心。你要让他们理解你的努力，同时邀请他们参与到这个改变的过程中来，共同探讨和设定家庭的新规则。这样的对话能够加深你们对彼此的理解，减少误解，促进合作。

第三步，增强信任感。

建立信任，不仅指建立对伴侣和孩子的信任，更是指建立对自己能力的信任。它的本质是增强自我效能感。因为你相信，即便在不完全控制的情况下，孩子也能处理好可能出现的问题。做到这一点需要时间，也需要积累较多的正面经验。从设立小目标开始，每次达成小目标都给自己正向反馈，这样就能逐渐增强内心的安全感和自信。

在这一系列的行动之后，你将不再是家族故事中被动的一环，而是成为主动书写新篇章的作者。你学会了在爱与自由之间找到完美的平衡点，让爱如同温暖的阳光照亮家的每一个角落，而不是让紧闭的牢笼束缚渴望飞翔的彼此。

真正的力量来源于理解与放手，能让你认识到每个人心中都有自我成长的种子，只需恰到好处的阳光与雨露，它便会茁壮成长。你用自己的英雄之旅证明，在爱的传承中，你不仅治愈了自己，更为家族注入了勇于超越自我、拥抱变化的新的生命力。控制的锁链，从你这一代得以解开，心灵的自由与成长让你绽放出全新的光芒。

5.2 长期精神内耗的你，可以这样疗愈自己

请你想象一下，当你结束了一天的劳碌，穿越拥挤的人潮回到家，身心已然疲惫，但等待你的不是休息，而是另一场"战役"——督促孩子学习。你原本渴望片刻安宁，却难以忍受孩子散漫的态度；眼见伴侣饭后优哉游哉，拿着手机，躺在沙发上，享受着电子设备带来的闲适，你内心的天平便突然失衡，焦虑与不忿悄然滋生。

在这样的场景下，你面前似乎摆着两条路：一是对孩子厉声训斥，让泪水成为短暂的镇静剂；二是与伴侣爆发口角，在愤怒中寻求平衡。但理智告诉你，这些冲动之举非但无益于问题的解决，反而会进一步榨取你本就所剩无几的心理能量。但自我抑制虽然展现了成熟与理性，却也在无形中加剧了内在的损耗，直至精神的油灯燃至濒灭，只余疲惫的躯壳。

长此以往，这种精神内耗便成为侵蚀身心健康的慢性毒药。深受精神内耗之苦的你是时候探索应该如何疗愈自己了。

01　精神内耗的本质

为了解决这一问题，首要步骤是深入探究引发精神内耗的3个核心根源。

首先，是认知框架的偏差，即"框架错误"。这如同在错误的地图上寻找宝藏，即使奋力奔跑也只会偏离正轨。诸如"别让孩子输在起跑线上"这类口号，在无形中构建了一个局限性的思维框架，让人们忽视了人生旅途的本质。它假定人生如同短跑，起点优势决定一切，却忽略了人生的马拉松特性——持久力与策略同样关键。父母若不明白这一点，无疑会在不必要的竞争中消耗大量心力，忘记培养孩子全面成长的重要性。

　　其次，是频繁的比较心态，即精神内耗的加速器。比较如同内心的天平，但往往向不满与嫉妒倾斜。例如，得知邻家孩子的分数更高时，原先对自己孩子的满意转瞬即逝，取而代之的是焦虑与压力。比较促使你放大他人的成就，忽视自身的幸福，进而陷入无休止的心理斗争。正如有一句金句说的那样：幸福往往在他人眼中，人们在相互羡慕中忽略了自己手中的珍宝。

　　最后，是"心理反刍"，一种对过往失误或不幸的过度沉思。如同牛反刍食物，父母也会将负面事件反复"咀嚼"，不放过每一个"为什么"。面对孩子的粗心或偶尔的失败，父母若陷入这样的状态，不仅会深化个人的负面情绪，更会将这份负担传递给家人，形成恶性循环的负能量场，影响整个家庭的氛围与心理健康。

所以，要摆脱精神内耗，就必须正视并调整这些认知与行为模式，学会在正确的跑道上前行，珍惜眼前的幸福，以及适时放下，避免在无益的思绪中徘徊。

02　疗愈之路

理解了精神内耗产生的根源，你便能对症下药，逐步找到疗愈策略。

疗愈策略 1：重塑框架，点亮而非牵引。

正如我先前所述，父母应成为孩子的灯塔，为他们照亮前行的道路，而非成为拐杖，让孩子步步紧握。这意味着，父母的责任在于激发孩子的内驱力，而非外部强制。

与其牺牲自己的时间陪伴监督，不如教会孩子热爱学习，让他在探索与自我发现中找到学习的乐趣，逐步建立内驱力，形成正向循环。我的父亲正是这样一位导师，他未曾将学习压力强加于我，反而让我成为自己的主人。我于宽松的教育中学会了自我反思，我的成绩也

逐渐排在班级前列，这让我体验了成长的喜悦。

疗愈策略 2：终止攀比，还自我一片清净。

生活的累，一半源于生存，一半来自攀比。停止比较，比事后修补内心更为轻松。学会与自我和解，不被外界的标准裹挟，活在自己的节奏里，这样，你"放过"的不仅是孩子和爱人，更是自己，你能让自己重拾内心的宁静与自在。

疗愈策略 3：导航思维，面向未来行动。

导航思维，如同驾驶汽车时的 GPS（全球定位系统），即便汽车偏离了原路线，GPS 也能基于当前定位迅速规划新路线。面对问题，你应启用导航思维，每次都将当前状况作为起点，不沉溺于"为何发生"的反刍，而是转向"如何解决"的策略性思考，寻找最佳行动方案。

理解错误的产生缘由是必要的，但深陷于"为什么"只会徒增内耗，而"如何避免再次发生错误"才是关键。学会导航思维，是走出"反刍"困境，"放过"自我，走向成长的重要一课。

在这场与精神内耗的较量中，真正的胜利不在于外界的评判，而在于自己内心的平和与自我超越。当你学会从牵引孩子进化到点亮孩子，从比较的泥潭抽身至成长的岛屿，从"为什么"走向"怎么做"，你便不再是生活的奴隶，而是自己命运航船的舵手、家庭幸福的建筑师。疗愈之路虽长，但你走的每一步都算数，最终迎接你的将是那份从心底满溢而出的宁静与力量。

5.3　有关家庭幸福的 3 个秘密

在岁月的长河中，每一位父母的心房里，都有一个稚嫩而珍贵的内在孩童，他收藏着我们的纯真无邪、璀璨梦想，以及那些尚需温柔抚慰的往日创痕。身为父母，我们向子女倾注爱意与关怀时，时常在不经意间遗忘了自己内心那个同样渴求理解与治愈的内在孩童。

在本书的最后一节，我愿与你共同揭开有关家庭幸福的 3 个秘密，它们不仅能指引你成为一位更加卓越的养育者，也将为你的内在孩童开启一段疗愈之旅。

愿这些洞见如同温暖的光芒，照亮你与家人的幸福之路。

01　第一个秘密："没什么，很正常"

"没什么，很正常"，这是一句内心深处的自我宽慰话语。当你在与孩子的交流中察觉到控制的冲动难以抑制时，这样的自我宽慰话语能迅速为你拨开冲动的云雾，帮助你恢复平静的心态。

设想这样一个常见情景：孩子遗失了一件物品，因而他将求助的目光投向你，但你确信曾在某个抽屉里见过它，遗憾的是，不久之后，他再次带着些许沮丧告诉你寻觅无果。

此刻，你或许已感到自己不耐烦的情绪正悄然升起。若顺从这份情绪的牵引，任其肆意泛滥，你可能会脱口而出："你总是这样，东西乱放，现在找不到了吧，也算个教训。"抑或是在心底责备他不够努力，认为他过于依赖你。而这只会让双方陷入情绪的旋涡。

其实在此刻，你应轻声对自己说"没什么，很正常"，因为即便是成年人也难免会有遗忘与寻找的时刻。事实上，相关统计数据显示，即便是高效的职业人士，每年也会耗费大约150个小时的时间在寻找物品上，将这一时间换算成工作日，相当于每年有近19天都在寻找丢失的东西。高效的职业人士尚且如此，更何况一个正在学习与成长的孩子呢。有了这样的思考，你是否对孩子的疏忽多了一份宽容与理解？

因此，当你面对生活的小差错时，可以在心中默念："没什

摔倒了没什么，
很正常！

么，很正常"。这样的自我提醒，能温柔地引导自己和孩子一同成长，让你学会在包容与理解中构筑更加坚固的家庭幸福基石。

02 第二个秘密：降低期待

俄国文豪列夫·托尔斯泰在《安娜·卡列尼娜》中的名言揭示了家庭的双面性：幸福的家庭千篇一律，不幸的家庭则各有各的不幸。

人之追求，在于幸福。孩子奋力争取优异成绩、理想职业，皆为拥抱幸福生活。那么为何不让幸福的种子早在青春年华就生根发芽？

或许你会忧虑："少年时期的安逸是否会牺牲孩子未来的可能性？若缺乏鞭策，孩子将来如何在激烈的竞争中脱颖而出、追寻幸福？"此番疑虑忽略了一点：即过度的压力可能导致孩子厌学，而现在的幸福并非未来不幸的预兆。

为深入分析，这里借鉴美国经济学家保罗·萨缪尔森的幸福公式进行说明，即：幸福 = 效用 ÷ 期望值。该公式揭示，即便效用（如学业成就）增加，若期望值过高，则幸福感也会降低。

简而言之，当保持较低的期望值时，即使收获（效用）不大，人们也容易满足，幸福感油然而生。

以我的儿子为例，他自发利用周末时间在 Scratch 编程软件中探索，纯粹出于兴趣，而非我的期望。我与他约定，完成作业后方可进行这项"游戏"。几个月后，他意外在学校的

幸福 = 效用 ÷ 期望值

编程比赛中赢得校级奖项，进而又在区级比赛中获奖。这突如其来的喜悦，显著提升了我们全家的幸福感。

正是因为我未曾对他在编程上寄予厚望，减少了他的外在压力，他才得以在轻松的环境中自由探索，不断增强内在动力，最终他不仅提升了个人技能（增大了效用），我们全家的幸福感也意外地增加了（降低了期望值）。

因此，与其给孩子设定遥不可及的目标，追求极致的完美，不如适度降低期望值，让孩子那些不经意间取得的成就为家庭带来惊喜与额外的幸福。幸福，往往在无压力的自我探索与成长中悄然而至。

03　第三个秘密：无法接受的就改变，无法改变的就接受，无法接受和改变的，就先放一放

这句话我一直珍视并践行着，它对我影响深远，也成为我与很多父母共享的心灵良药。为什么？因为"暂且搁置"的智慧能让我们从无尽的执念中解脱，让我们找到慰藉。

尤其是在孩子成长的早期阶段，每位父母心中都会满怀各式各样的期许，这是人之常情。然而，当孩子的步伐未能紧跟父母的期待时，焦虑便如影随形，促使父母竭尽全力试图为孩子铺设一条通往成功的捷径。

比如，父母对孩子期末考试前的殷切希望、竞选班干部时的深切期盼，这些美好的愿景有时却化作了无形的压力，不仅束缚了孩子，也同样束缚了父母。

我永远感激我的父亲，在我还是小学生、成绩平平，甚至数学仅得 60 分，面临留级警告时，他没有给我增加任何负担。父亲淡定地在我的试卷上签字，随后鼓励我找出学习中的弱点，加以攻克。

转折点出现在初中，我遇到了班主任施惠琳老师，她发现了我的潜力，让我担任小队长，策划团队活动，由此，我的人生轨迹发生了根本性转变。我的成绩突飞猛进，从排在班

级末尾到名列前茅，乃至后来我成为班长、团支书，直至荣获"上海市优秀毕业生"荣誉，这一路的蜕变都证明了"大器晚成"的可能。

我分享这段个人历程，是想告诉你：孩子的成长路径各有不同，起初的不显山露水并不代表未来的一事无成。

也许，就像曾经的我，只需一个契机或内心的觉醒，孩子就能迎来属于自己的飞跃。

因此，当下的不如意并非永恒存在，与其焦虑孩子的现状与你的期待之间的差距，不如放松心情，给予孩子足够的时间和空间。说不定，在下一个转角处，你的孩子就会像曾经的我一样，迎来属于他的闪耀时刻。

我们应铭记——家庭，不仅是传递爱的港湾，还是心灵相互治愈的场所，追求幸福是伴随理解、宽容、成长的温馨旅程。愿你我都能在育儿的道路上，成为那抹温暖的光，照亮孩子的前路，同时也让自己的内在孩童在爱与被爱中疗愈。

真正的力量，源自接纳与放手，源自对每一个当下幸福瞬间的珍惜。当我们学会在"没什么，很正常"中寻得平静，在"降低期待"里发现惊喜，在"接受与改变"间找到平衡，幸福的花朵便会在生活的每一个角落悄然盛开。

让我们带着这 3 个秘密继续前行，在平凡的日子里编织不凡的故事，让爱如细水长流，滋养每个家庭成员。

最终我们会发现，家庭幸福的秘密，不在于外界的认可与成就的堆砌，而是在于内心深处那份纯粹的相连，以及在岁月流转中，家庭成员始终温柔相待、共同成长。

若是月亮还没来
路灯也可照窗台
照着白色的山茶花微微开
若是晨风还没来
晚风也可吹入怀
吹着那一地树影温柔摇摆
（节选自歌曲《若是月亮没来》）

幸福，是如此简单而深刻，如同夜空中最亮的星引领我们前行，照亮彼此，温暖每一颗渴望爱的灵魂。

愿你成为内心强大而温柔的自己；

愿你也能成为治愈家人又温暖的父母。

后记　唯有疗愈自己，方可治愈家人

在撰写这部关于家庭教育的作品时，我深刻地意识到，每一个家庭的故事都是独一无二的，而其中最为微妙且影响深远的，往往是那些藏于内心深处、不易察觉的情绪——尤其是父母心中的恐惧。因此，本书不仅要带你进行一场关于如何教育孩子的探讨，更是要带你开展一次心灵深处的自我发现与治愈之旅。

01　唯有疗愈自己，方可治愈家人

在这个快节奏、高压力的时代，父母，尤其是妈妈，背负着多重角色的压力：她们是温柔的抚育者，也是坚韧的职业女性，是家庭情感的黏合剂，同时也是自我成长道路上的探索者。在重重身份之下，恐惧——对未来的不确定、对失败的担忧、对无法给予孩子最好的一切的焦虑，悄然束缚着许多妈妈的心。

她们害怕自己不够好，担心自己的过去会影响孩子的未来，忧虑在复杂多变的社会中无法为孩子指引正确的方向。这些恐惧，如同暗夜中的迷雾，让她们在家庭教育的路上步履蹒跚。

然而，通过本书中的一段段探索与自省的文字，我们逐渐明白了一个深刻的道理："唯有疗愈自己，方可治愈家人。"

这不仅仅是一种理念，更是实践中的真知灼见。我们需要学会直面自己的恐惧，勇敢地揭开那些长期不愿触碰的伤疤，让理解和接纳的光芒照亮内心的每一个角落。

02 不用情绪，用好策略

当我们能安放自己的情绪，安放自己的恐惧，那么通过自我反思、情绪管理，甚至寻求专业帮助等多种方式，我们就能逐步释放积压已久的负面情绪。这样一来，我们就能学会倾听自己内心的声音，认识到自己的价值并不源于外界的评价，而是源自内在的平和与成长。当我们开始真正关爱自己、治愈自己时，那份由内而外散发出的温暖与力量，自然而然会惠及整个家庭。

因此，随着我们的转变，我们习得了控制控制欲的方法，懂得了如何通过策略影响孩子，家庭的氛围也随之发生了微妙的变化。孩子感受到了更加稳定和充满爱的家庭氛围，学习到了如何正视自己的情绪、如何在面对困难和挑战时保持坚韧和乐观。家庭成员之间的沟通变得更加开放和真诚，每一个人都在这样的氛围中找到了属于自己的成长空间。

03 结语

在本书的创作过程中，我深刻体会到，家庭教育的本质不仅仅是知识的传授，更是情感的滋养与心灵的联结。家长作为家庭的灵魂，他们的每一次自我疗愈，都如同播下了一颗种子，最终会在家庭这片土地上绽放出最绚烂的花朵。

"唯有疗愈自己，方可治愈家人"，这不仅是对所有家长的温柔提醒，也是对每个家庭成员的真诚建议。让我们在这个充满挑战与机遇的世界里携手前行，共同创造一个更加和谐、充满爱的成长环境。

致谢

这是我写完的第 14 本书，根据我要创作 50 本书的目标，目前的完成进度为 28%。

在此，我想特别感谢几位贵人。

在我的成长中，首屈一指的引路人是我的父亲——**何权森先生**。他采取了一种看似"放手"的教养哲学，我称之为"自然成长法"。在自由而包容的环境中，我学会了独立，对自己的学业和成就负责，对人生的选择慎思明辨，甚至在面对挫折时也勇于承担后果。这种教育方式给予了我一个轻松愉悦的童年，正如那句被广泛传颂的话语所言："一段幸福的童年时光，足以温暖人的一生。"

另一位在我生命中扮演关键角色的贵人，是我的初中班主任——**施惠琳女士**。她的赏识如同春日暖阳，照亮了我写作之路的起点。在她的鼓励下，我仿佛在波利亚罐中不断摸到了代表肯定与激励的白球。这些珍贵的认可，不仅在我求学的日子里成为我不断进步的动力，更在我的职业生涯中，指引我忠于内心，追寻并践行我的人生使命。正因如此，我得以出版了14 部作品，其中每一页文字都是对我成长旅程的见证。

第三位在我的职业生涯中占据重要位置的贵人，是**来自人民邮电出版社的朱伊哲老师**。我们的缘分始于共同创作《了不起的自驱力：唤醒孩子的学习源动力》《不强势的勇气：如何控制你的控制欲》（文字版）、《抢分：偏科自救指南》（也欢迎你拿下我在人民邮电出版社出版的"家庭教育全家桶"），这 3 本书不仅标志着我们合作的不断深入，也成为我们在家庭教育领域深耕的基石。此后，朱老师与我不断并肩作战，在育儿知识的广袤天地里不断挖掘与探索，精准捕捉到当代家长内心的渴求与亟待解答的问题。朱老师的全情投入与不懈努力，为我们的合作项目注入了无尽的生命力。在此，我想公开向朱老师表达我最深的感激之情，感谢她的智慧引领与不懈支持，使得我们能够携手为无数家庭带来启发与帮助。

第四位我想深深致谢的是赋予本书灵魂的漫画家——喻颖（花妈）。她以非凡的画技和深邃的艺术洞察力，为这本策略导向的书巧妙地编织了一幕幕生动的情感画卷。花妈不仅用笔触记录思想，更以漫画的形式传达了无尽的情感与温度，让理性的策略跃然纸上，同时也触动了每一位读者的心弦。在此，我衷心地向花妈表达我的感激之情，您的创意与才华是本书不可或缺的瑰宝，感谢您让知识与情感如此和谐共生，请接受我这份饱含敬意与感激的特别致谢。

此外，我必须满怀深情地感谢我的生活伴侣——王怡女士，以及我们可爱的小伙子何昊伦。在撰写本书的日日夜夜里，他们不仅是我的坚实后盾，更是我的灵感源泉。王怡以她的理解与支持，为我构建了一个安心创作的空间，她的每一句鼓励都是推动我前行的风帆。而小昊伦，他的纯真笑容，乃至每一次好奇的提问，都如同生活的甘露，滋养了我的心田，也为我的文字增添了无限的真实感与温度。他们不经意间的互动与成长中的故事，成为书中许多生动章节的灵感来源，让我的文字充满了爱与希望。对于这份来自家庭的深沉爱意与无价贡献，我的心中充满了感激与幸福。

最后，但绝非最不重要，我想感谢此刻正在阅读这些文字的你。你的每一次翻页、每一次思考，都是对我最大的鼓舞与肯定。你，作为本书的接收者，同时也是我成长道路上不可或缺的贵人。我衷心希望，通过这些文字，你和你的孩子能够找到成为更好的自己的策略与路径，让生活中的每一刻都充满意义。

我深信，本书仅仅是我们相互启迪、共同成长的序章。在人生的广阔舞台上，每一次学习与修炼，都是为了在更高远的未来相遇，以更加美好的姿态共享生命的智慧与喜悦。因此，如果你愿意进一步探讨家庭教育的奥秘，或仅仅希望分享你的故事与感悟，我诚挚邀请你通过微信（公众号：何圣君）与我建立更深的连接。让我们在相互的理解与支持中携手前行，成就更好的自己与家庭。期待在不久的将来，我能在更高的地方与你相遇。